Praktischer Übersetzerbau

Von Prof. Dr. rer. nat. Ernst-Erich Doberkat,
Universität Essen
und Dr. rer. nat Dietmar Fox,
Universität Hildesheim

Springer Fachmedien Wiesbaden GmbH

Prof. Dr. rer. nat. Ernst-Erich Doberkat

Geboren 1948 in Breckerfeld/Westfalen. Von 1968 bis 1973 Studium der Mathematik und Philosophie an der Ruhr-Universität Bochum, von 1973 bis 1976 wiss. Mitarbeiter am Forschungs- und Entwicklungszentrum für objektivierte Lehr- und Lernverfahren GmbH in Paderborn, 1976 Promotion in Mathematik an der Universität Paderborn. Von 1976 bis 1981 Assistent in Bonn und Hagen, 1980 Habilitation für Informatik an der FernUniversität. 1981 Associate Professor of Mathematics and Computer Science, Clarkson College of Technology, Potsdam, New York, 1985 ordentlicher Professor für Praktische Informatik an der Universität Hildesheim, seit 1988 ordentlicher Professor für Informatik/Software Engineering an der Universität Essen.

Dr. rer. nat. Dietmar Fox

Geboren 1953 in Essen. Von 1973 bis 1979 Studium der Informatik und Mathematik an der RWTH in Aachen, 1979 wiss. Mitarbeiter im Lehrgebiet Programmiersprachen/Formale Sprachen der FernUniversität in Hagen, 1983 Promotion in Informatik an der FernUniversität, 1985 Akademischer Rat am Lehrstuhl für Praktische Informatik A der Universität Hildesheim.

CIP-Titelaufnahme der Deutschen Bibliothek

Doberkat, Ernst-Erich:
Praktischer Übersetzerbau / von Ernst-Erich Doberkat u.
Dietmar Fox. – Stuttgart : Teubner, 1990
ISBN 978-3-519-02288-6 ISBN 978-3-322-94714-7 (eBook)
DOI 10.1007/978-3-322-94714-7
NE: Fox, Dietmar:

Das Werk einschließlich aller seiner Teile ist urheberrechtlich geschützt. Jede Verwertung außerhalb der engen Grenzen des Urheberrechtsgesetzes ist ohne Zustimmung des Verlages unzulässig und strafbar. Das gilt besonders für Vervielfältigungen, Übersetzungen, Mikroverfilmungen und die Einspeicherung und Verarbeitung in elektronischen Systemen.

© Springer Fachmedien Wiesbaden 1990
Ursprünglich erschienen bei B. G. Teubner Stuttgart 1990

Vorwort

Wir berichten in diesem Buch über ein Praktikum, in dem der Übersetzer für eine Programmiersprache implementiert worden ist. Das Praktikum sollte den Teilnehmern zeigen, wie man von einer abstrakt vorgegebenen Sprachdefinition zu einem funktionsfähigen Compiler gelangen kann. Wir haben dieses Praktikum im Sommersemester 1988 am Institut für Informatik der Universität Hildesheim durchgeführt; die Teilnehmer an diesem Praktikum waren Studenten im Diplom-Studiengang Informatik, die sich im sechsten oder achten Fachsemester befanden. An Vorkenntnissen wurde in diesem Praktikum vorausgesetzt:

- Kenntnis der Programmiersprache *C* und einiger Werkzeuge unter UNIX,
- Kenntnisse aus dem Bereich der Programmiersprachen und des Übersetzerbaus, wie sie etwa in einer vierstündigen Hauptvorlesung "Programmiersprachen und Übersetzerbau I" in Diplom-Studiengängen der Informatik vermittelt werden,
- elementare Kenntnisse der Linearen Algebra.

Warum nun ein Übersetzer für eine Sprache, die sich mit Fragestellungen der Linearen Algebra befaßt? Zunächst ist hier anzumerken, daß die Lineare Algebra nicht als Selbstzweck betrachtet wurde; in der mathematischen Grundausbildung für Informatiker wird Lineare Algebra gelehrt, daher haben Informatik-Studenten Grundkenntnisse und brauchen sich dort nicht weiter einzuarbeiten. Könnte man sich darauf verlassen, daß Informatik-Studenten einen gleichmäßigen Kenntnisschatz etwa der Manipulation dreidimensionaler geometrischer Objekte hätten, hätte man ohne Zweifel auch eine Programmiersprache hierauf aufbauen können.

Bei diesem Praktikum kam es uns darauf an, Zugänge aufzuzeigen, mit deren Hilfe man die praktischen Probleme der Übersetzung kleinerer Programmiersprachen beherrschen kann. Diese kleinen Programmiersprachen werden bekanntlich in der Praxis häufig gebraucht, wenn es darum geht, einen Prozessor für eine spezialisierte Problemstellung zu konstruieren, etwa wenn sich die Problemstellung gut mit Hilfe kontextfreier Grammatiken beschreiben läßt, wie es beispielsweise im Bereich der Benutzerschnittstellen oder bei dedizierten Datenbank-Abfragen der Fall sein kann.

Wir wollen mit diesem Projekt-Bericht aber auch zeigen, wie sich die gängigen Techniken des Software Engineering an einem überschaubaren Beispiel realisieren lassen: auf der einen, der abstrakten Seite finden wir die Aufgaben des Compilers, auf der anderen, der konkreten Seite stehen wir vor der Notwendigkeit, diese Aufgaben realisieren zu müssen. Die Dekomposition des Problems ergibt in natürlicher Weise ein Skelett für den Entwurf der Lösung. Das wird im vorliegenden Projekt handgreiflich in einem noch überschaubaren Rahmen demonstriert.

Welche Zielgruppe haben wir nun mit diesem Praktikum im Auge? Zunächst wollen wir interessierten Kollegen an Universitäten oder Fachhochschulen Einblick in ein erfolgreich abgewickeltes Vorhaben geben, das sich von der Größe gerade noch in einem Semester mit Studenten kontrolliert realisieren läßt. Wir wollen aber auch Studenten der Informatik einen Einblick in die praktischen Techniken geben, wenn sie vor einem ähnlichen Problem stehen. Gleiches gilt für den in der Praxis stehenden Informatiker, der gelegentlich in die Verlegenheit kommt, eine eigene kleine Sprache realisieren zu müssen. Dadurch daß wir die Realisierung des Übersetzers in großem Detail schildern und damit einen Protoypen für die Realisierung ähnlicher Vorhaben liefern, ist es nicht allzu schwierig, in ähnlich gelagerten Problemstellungen auch ähnlich vorzugehen. Schließlich wenden wir uns an Informatiklehrer in der Oberstufe von Gymnasien oder Gesamtschulen, die sich mit praktischen Aspekten des Übersetzerbaus befassen und gleichzeitig die konkrete Implementation eines solchen Übersetzers studieren möchten. Wir beschäftigen uns dazu im ersten Kapitel mit den Zielsetzungen dieses Projekts, beschreiben, welche Zielvorstellungen wir mit diesem Programmierpraktikum verbinden, gehen kurz auf Vorkenntnisse, Werkzeuge und Realisierungsmöglichkeiten ein und schildern dann die Organisationsform dieses Praktikums.

Ein kurzer Überblick über den weiteren Inhalt des Buchs soll nun folgen. Wir geben in sehr gestraffter und komprimierter Form einen Überblick über die Arbeitsweise eines Compilers, wie er sich für uns darstellt, und diskutieren die Aufgaben des Compilers sowie ihre programmtechnische Realisierung hauptsächlich unter dem Gesichtspunkt der Programmierwerkzeuge. Nach einer kurzen Erinnerung an die Phasen eines Compilers diskutieren wir die lexikalische, die syntaktische und die semantische Analyse, wobei wir in jeder dieser Phasen zunächst kurz die mathematischen Grundbegriffe zitieren und für wichtige Spezialfälle bei der syntaktischen und bei der semantischen Analyse auf die zugrundeliegenden Konstruktionen eingehen. Wir diskutieren also bei der syntaktischen Analyse die Prinzipien für einen einfachen Parser-Generator, der die Prinzipien der bottom-up-Analyse verdeutlichen soll, und beschreiben bei der semantischen Analyse die Grundlage für ein populäres Verfahren der Attribut-Auswertung mit Hilfe von geordneten attributierten Grammatiken. Schließlich kommen wir auf Laufzeit-Umgebungen zu sprechen und erinnern an die fundamentalen Tafeln, Bindungen von Werten an Variablen, Übergabe von Parametern, activation records und schließlich an die Allokation von Speicherplatz.

An diesen Abschnitt schließt sich die Beschreibung der Sprache *LA* an. Wir haben uns bemüht, diese Sprachbeschreibung als Manual für die Sprache *LA* zu gestalten. Da wesentlich die Konstruktion von Algorithmen für die Standard-Operationen aus der Linearen Algebra benötigt werden (als *domain knowledge*), geben wir in dem folgenden Kapitel die Spezifikation einiger wichtiger Algorithmen für diese Standard-Operationen an. Genannt seien hier exemplarisch Operationen zur Bestimmung des Kerns einer Matrix oder zur Berechnung der Exponentialfunktion für ein quadratische Matrix.

Diese Vorarbeiten sind nötig, um in die Konstruktion des Compilers einzusteigen. Zunächst diskutieren wir die Analyse der lexikalischen und der syntaktischen Struktur, wobei wir die Grammatik für *LA* gleich so spezifizieren, daß sie als Eingabe in den Parser-Generator *yacc* dienen kann. Auf die lexikalische und syntaktische Analyse folgt die semantische Analyse, die im nächsten Abschnitt diskutiert wird. Wir zeigen, wie der abstrakte Syntaxbaum aufgebaut ist, diskutieren die Hauptfunktionen für die semantische Analyse und gehen auf die Arbeitsweise einiger wichtiger Hilfsfunktionen ein. Als nächstes beschäftigen wir uns mit der Erzeugung von Code. Wir erzeugen Code für eine abstrakte Maschine, deren Assembler spezifiziert wird. Zunächst wird für die meisten Konstrukte der Sprache die Code-Erzeugung spezifisch diskutiert. Das vorletzte Kapitel befaßt sich mit der abstrakten Maschine, diskutiert hier die Speicherverwaltung und die spezifische Laufzeit-Umgebung und stellt dann die einzelnen Operationen der abstrakten Maschine zur Verfügung. Bemerkungen über die Implementierung dieser Maschine und über die Speicherbereinigung schließen das Kapitel ab. Das letzte Kapitel zeigt Erweiterungsmöglichkeiten für Compiler und Sprache auf.

In zwei Anhängen werden weitere nützliche Informationen geliefert, zum einen findet sich ein Beispiel-Programm in Anhang A, zum anderen sind die Grundbegriffe der Linearen Algebra, wie wir sie hier benötigen, in Anhang B zusammengefaßt. Das Beispiel-Programm soll dazu dienen, dem Leser ein Gefühl für die Arbeitsweise und die Ausdrucksfähigkeit von *LA* zu vermitteln.

Das vorliegende Buch ist nicht allein das Werk seiner beiden Autoren, sondern hat von der Arbeit der am Praktikum beteiligten Studenten profitiert. Wir möchten gerne den folgenden Studenten für ihre Mitarbeit danken:

Asmus Bumann	Markus Ebigt	Thomas Ernst
Wolfgang Fischer	Manfred Friese	Matthias Gevers
Ralf Gieseke	Sebastian Heckler	Andreas Jährig
Stefan Kropp	Matthias Lübberstedt	Ulrich Lammers
Bernd-Uwe Pagel	Holger Schirnick	Reinhard Schmoldt
Hans-Gerald Sobottka	Frank Weidele	Janet Wundenberg
Sing Young		

Mit dem Wechsel des älteren der beiden Verfasser an die Universität Essen wechselte auch der Schwerpunkt der Beschäftigung mit *LA* und diesem Buch (bis auf Kap. 4, 6, 7.3, Anhang A) ins Ruhrgebiet. Wir möchten uns bei Hartmut Henning für seine Portierung des Compilers auf den Apple/Macintosh bedanken, bei Stefani Kamphausen dafür, daß sie einen Teil des Manuskripts geschrieben hat. Unser besonderer Dank gilt Ingrid Kleinstoll-Snoussi für die große Sorgfalt, mit der sie den Text editiert und aus teilweise ziemlich unleserlichen Vorlagen ein lesbares Manuskript gezaubert hat, aber vor allem dafür, mit wachem Auge verhindert zu haben, daß sich stilistische oder typographische Ungereimtheiten in den endgültigen Text eingeschlichen haben.

In Hildesheim hat sich Markus Ebigt der gelegentlich undankbaren Aufgabe unterzogen, den Code von Fehlern und Inkonsistenzen zu bereinigen. Er hat auch das Beispiel im Anhang A implementiert und getestet. Ulrich Gutenbeil war einer der ersten Konsumenten des Texts; er hat das *front end* des Compilers für *LA* mit dem Werkzeug Eli zu Studienzwecken neu implementiert (vgl. [Gut90]) und im Laufe dieser Arbeiten einige Verbesserungsvorschläge zur Darstellung gemacht. Beiden sei an dieser Stelle herzlich gedankt.

Schließlich möchten wir uns bei Herrn Dr. Spuhler vom Teubner-Verlag für die wiederum sehr angenehme Zusammenarbeit bedanken.

Essen und Hildesheim, im Juni 1990 — Die Verfasser

Inhaltsverzeichnis

Kapitel 1

Zielsetzung

Das Praktikum, über das hier berichtet werden soll, beabsichtigt den Teilnehmern zu zeigen, wie man von einer abstrakten Sprachdefinition zu einem funktionsfähigen Compiler gelangen kann. Vorgegeben war also die Definition einer einfachen Programmiersprache und eine organisatorische Struktur, als Resultat wurde ein Compiler erwartet (und geliefert).

Wir haben dieses Praktikum im Sommersemester 1988 an der Universität Hildesheim durchgeführt (einige lose Enden wurden im Wintersemester 1988/89 zusammengefügt). Zum näheren Verständnis wollen wir auf den Kontext dieser Veranstaltung eingehen, auch weil wir denken, daß sich ein solches Praktikum so oder ähnlich unter vergleichbaren Rahmenbedingungen wieder abhalten läßt. In diesem Sinne betrachten wir es als Prototypen.

1.1 Vorkenntnisse

Die Teilnehmer an diesem Praktikum waren Studenten der Informatik im Hauptstudium im sechsten oder achten Fachsemester, also in der zweiten Hälfte des Hauptstudiums und für manche auf der Mitte des Weges zwischen Vordiplom und Abschlußprüfung. Alle Studenten hatten im Semester vorher die Hauptvorlesung "Programmiersprachen und Übersetzerbau I" beim älteren der Verfasser gehört und nahmen parallel zu diesem Praktikum am zweiten Teil der o.a. Veranstaltung teil, manche von ihnen auch am Seminar über Compilerbau. Beide parallel abgehaltenen Veranstaltungen befassen sich mit Optimierungsfragen. Die Veranstaltung "Programmiersprachen und Übersetzerbau I" hatte sich mit kanonischen Fragen dieses Gebiets befaßt und basierte im wesentlichen auf dem Text [WG84] von Waite und Goos, ergänzt durch einige Aspekte aus dem neuen "Drachenbuch" [ASU86] und durch diverse Aufsätze, so daß den Studenten die folgenden Themen geläufig waren:

- Grundsätzliches aus dem Bereich Programmiersprachen,
- reguläre Ausdrücke und lexikalische Analyse,
- kontextfreie Grammatiken und syntaktische Analyse, Strategien zur Analyse von LL(1)- und LALR(1)-Grammatiken,
- attributierte Grammatiken und Auswertungsstrategien,

- Grundbegriffe aus der Rechnerarchitektur, Abbildung von programmiersprachlichen Konstrukten auf die Maschinenebene,
- Strategien zur Code-Erzeugung.

Zu dieser Vorlesung gehörte neben den Übungen ein Praktikum, in dem der Gebrauch der Werkzeuge *lex* und *yacc* (siehe [KP84]) eingeübt wurde, und in dem Studenten, die über keine arbeitsfähigen Kenntnisse in der Programmiersprache *C* verfügten, die Sprache in einen rapiden Steilkurs lernen konnten. Daher konnten wir bei der Konzeption dieses Praktikums davon ausgehen, daß diese Werkzeuge und die Sprache *C* von den Studenten beherrscht werden.

1.2 Ziele

Die Ausgangspunkte zu diesem Vorhaben waren durch Kenntnisse der Techniken und einiger Werkzeuge aus dem Übersetzerbau gegeben. Das Ziel der Veranstaltung lag neben dem Vergnügen, selbst an einem Compiler mitgearbeitet zu haben, darin, ein größeres, im Rahmen einer Lehrveranstaltung gerade noch handhabbares Programmierprojekt mitzugestalten. Es sollte den Teilnehmern vermittelt werden, wie in einem größeren Projektteam gearbeitet wird, auf welche Art und Weise Teilaufgaben definiert und gelöst werden, wie sich die Aufgabenverteilung zwischen einzelnen Arbeitsgruppen auf die Schnittstellen einzelner Module auswirkt, und wie Konflikte innerhalb des gesamten Projektteams, über Grenzen der Arbeitsgruppen hinweg und innerhalb der Arbeitsgruppen selbst gelöst wurden. Einige Probleme (etwa die Schnittstellenproblematik) waren an anderer Stelle in einer Veranstaltung über Software Prototyping angesprochen worden, hier war nun Zeit und Ort, das Gelernte auch praktisch umzusetzen. Die Wahl, dies in einem Compilerbau-Praktikum zu tun, beruht zum einen auf den Präferenzen der Verfasser, zum anderen aber auch darauf, daß die Studenten mit dem Thema bereits vertraut waren — die Wahl eines anderen Gebiets hätte möglicherweise zunächst einige Einarbeitungszeit gekostet.

Stand die Wahl des Themas für das Praktikum fest, so war die Wahl zu treffen zwischen einer Sprache, die in der Literatur beschrieben ist (etwa eine Teilmenge von *Pascal* wie in [ASU86] oder die Sprache *LAX* wie in [WG84]), und einer selbstdefinierten Sprache. Wir haben uns hier für die zweite Alternative entschieden, nicht, weil wir dem Turm zu Babel einen neuen Stein hinzufügen wollten, sondern weil wir zeigen wollten, wie man eine kleine Sprache für spezielle Anwendungen definieren und mit den vorhandenen Werkzeugen schnell implementieren kann. (Außerdem: immer wieder *Pascal* zu implementieren ist langweilig.) Daß wir als Anwendungsgebiet die lineare Algebra genommen haben, liegt einmal daran, daß die Studenten das Gebiet kennen (sollten), so daß auch hier keine Einarbeitungszeit nötig ist, um die Probleme zu verstehen, zum anderen stellten die mit der Vorlesung "Mathematik für Informatiker" betrauten Kollegen immer wieder die Frage, ob man nicht den Computer zur Motivation einsetzen könne — voilà: jetzt steht wenigstens ein elementarer Teil der Linearen Algebra zur Verfügung.

1.3 Werkzeuge

Diese Entscheidungen zur Ausgestaltung des Praktikums mußten ergänzt werden um die Wahl der adäquaten Werkzeuge zum Compilerbau. Wir sahen hier im wesentlichen die folgenden Alternativen:

a) Verzicht auf Werkzeuge,

b) Verwendung von Werkzeugen lediglich für die lexikalische und/oder syntaktische Analyse,

c) über b) hinausgehend die Verwendung von Werkzeugen für die semantische Analyse und/oder die Code-Erzeugung.

Unter den gegebenen Randbedingungen einer Workstation-orientierten UNIX-Umgebung erscheint die Alternative a) als unangemessen asketisch (vor allem da die Standard-Werkzeuge bekannt sind), daher kommen nur b) und c) in Frage. Wir haben uns für die Alternative b) entschieden, weil

- die Werkzeuge verfügbar sind und von den Studenten beherrscht werden.
- die Verfügbarkeit der Werkzeuge nicht an die speziell verwendete Umgebung gebunden ist — so konnte der *LA* -Compiler auch auf Rechner des Typs z.B. Apple/Macintosh und ATARI portiert werden. Hierzu war lediglich die Verfügbarkeit eines *C*-Compilers, und nicht das Vorhandensein einer komplexen Umgebung notwendig.
- die Verwendung zusätzlicher Werkzeuge erfordert hätte, daß die Studenten den Umgang mit ihnen lernen. Wir hielten den damit verbundenen zeitlichen Aufwand für nicht vertretbar; überdies hätten vom Gebrauch dieser Werkzeuge zunächst nur die Studenten unmittelbar profitiert, deren Arbeit von diesen Werkzeugen unterstützt wurde, so daß sich ein fühlbares Ungleichgewicht zwischen den einzelnen Gruppen ergeben hätte.

Wenn die zugrunde gelegte Compilerbau-Veranstaltung im praktischen Teil die Verwendung von Werkzeugen etwa für die semantische Analyse eingeübt hätte (an die Behandlung geordneter attributierter Grammatiken hätte sich die Verwendung des Systems GAG [KHZ82] anschließen lassen), so wäre die Entscheidung möglicherweise eher zugunsten der Alternative c) ausgefallen. Diese Überlegung wird sicher bei der zukünftigen Durchführung eines Praktikums erneut anzustellen sein.

1.4 Prototyping?

Bei der Auswahl der Alternative b) blieb das weitere Vorgehen zu diskutieren. Hier waren im Prinzip die beiden Möglichkeiten zu bedenken

1) lediglich das *front-end* des Compilers wird mit den UNIX-Werkzeugen erstellt, das weitere Vorgehen wird durch andere Überlegungen bestimmt,

2) das *front-end* des Compilers wird mit den UNIX-Werkzeugen erstellt, der Rest des Compilers wird in *C* realisiert.

Als Modell für die Vorgehensweise unter 1) bietet sich an, die semantische Analyse und das *back-end* des Compilers als Prototypen zu realisieren, und hierzu eine Sprache von sehr hohem Niveau wie etwa *PROLOG* , *LISP* oder *SETL* zu verwenden. Dieser Zugang ist nicht neu; er wird in systematischer Form für *PROLOG* in [CH87] beschrieben und mit anderer Zielsetzung in *SETL* bei [Dob89] angewandt. Die resultierenden Übersetzer sind jedoch im Hinblick auf ihre Laufzeit wenig überzeugend. In den genannten Arbeiten steht das Experimentieren mit Zugängen zur Lösung der betrachteten Probleme im Vordergrund und rechtfertigt den Einsatz von Werkzeugen und Sprachen des Prototyping. Die in Rede stehende Sprache *LA* ist andererseits konzeptionell recht einfach, so daß ein solcher Zugang unangemessen erscheint. Daher wird die zweite Alternative verfolgt.

1.5 Organisatorische Aspekte

Zur Durchführung des Praktikums wurden die Studenten in drei Gruppen eingeteilt; jede Gruppe hatte zwei Aufgabenkomplexe in der ersten bzw. zweiten Hälfte des Semesters zu erledigen.

1.5.1 Struktur der Gruppen

Es erwies sich als sinnvoll, die Gruppenstruktur vorzugeben. Jede Gruppe hat

- einen Sprecher, der die Aktivitäten der Gruppe koordinieren soll. Hierbei ist es insbesondere nötig,
  - eine Zerlegung in Teilaufgaben für die Gruppe in Abstimmung mit den anderen Gruppen vorzunehmen,
  - die Teilaufgaben innerhalb der Gruppe zu verteilen,
  - die wöchentlichen Berichte der Gruppe mit dem Berichterstatter abzustimmen,
  - die Mitarbeit der einzelnen Gruppenmitglieder am Abschlußbericht zu koordinieren,
- einen Schreiber, der über die Aktivitäten der Gruppe Buch führt und der zu Ende des Semester bzw. zum Ende der Arbeiten einen Abschlußbericht vorlegt. Die anderen Mitglieder der Gruppe helfen insbesondere bei dem Abschlußbericht und leisten ihre Beiträge dazu, der Sprecher dieser Gruppe koordiniert diese Arbeiten.
- einen Berichterstatter, der wöchentlich über die Arbeit der Gruppe im Plenum Bericht erstattet. Der Berichterstatter kann wöchentlich wechseln und wird in der Gruppe in Absprache mit dem Sprecher bestimmt. Der Sprecher sorgt für die gleichmäßige Verteilung dieser Aufgabe über das Semester.

Es hat sich bewährt, einmal wöchentlich während des Semesters eine Plenarsitzung aller Beteiligten zu veranstalten, um den Fortschritt der einzelnen Gruppen zu diskutieren, die Probleme an den Schnittstellen der Arbeit für die einzelnen Gruppen zu klären und allgemein die Arbeit der einzelnen Gruppen zu synchronisieren.

1.5.2 Aufteilung in Gruppen

Es wurden drei Gruppen gebildet, die während der beiden Hälften des Semesters verschiedene Aufgaben übernehmen. Die Aufteilung der Gruppen orientiert sich in kanonischer Weise an der Struktur des Compilers und auch an den gerade geschilderten Überlegungen zum Zugang zur Lösung des Problems. Es wurden die folgenden Gruppen gebildet:

- AS-Gruppe: in der ersten Phase erarbeitet diese Gruppe Algorithmen aus der linearen Algebra, in der zweiten Phase entwirft und implementiert sie die semantische Analyse.
- SC-Gruppe: in der ersten Phase wird die Syntax von *LA* erarbeitet sowie die lexikalische und syntaktische Analyse mit Hilfe von Werkzeugen implementiert, in der zweiten Phase entwirft und implementiert diese Gruppe die Code-Erzeugung.
- RL-Gruppe: in der ersten Phase erarbeitet diese Gruppe ein Maschinenkonzept, das auf der Idee der Stack-Maschine basiert und entwirft das *storage layout* für Daten- und Laufzeit-Strukturen. In der zweiten Phase werden von dieser Gruppe die Algorithmen der Laufzeit-Bibliothek spezifiziert und implementiert.

Zwischen der Arbeit der einzelnen Gruppen herrschten vielfältige Abhängigkeiten, die von den Sprechern der einzelnen Gruppen koordiniert werden mußten.

Gleichzeitig mit dieser Vorgabe der Gruppenstruktur und mit dem Arbeitsplan der Gruppen war ein grobes nach Wochen gegliedertes Zeitraster vorgegeben, das für die einzelnen Gruppen in groben Zügen beschrieb, welche Aktivitäten erwartet wurden, und insbesondere, wann jede Gruppe von der ersten in die zweite Phase übergehen mußte.

1.5.3 Abschlußberichte

Jede Gruppe hatte einen Abschlußbericht abzuliefern, in dem die Arbeit der Gruppe für jede der beiden Phasen in allen Einzelheiten bechrieben wurde und in dem auch eine Zuordnung der einzelnen Arbeitsschritte zu Personen in dieser Gruppe stattfinden mußte. Diese Abschlußberichte sollten der Dokumentation der Arbeit dienen, aber auch den Studenten die Möglichkeit geben, sich schriftlich über ihre Arbeit zu äußern — diese Funktion wurde dadurch unterstrichen, daß die Entwürfe für die Abschlußberichte von den beiden Verfassern durchgesehen und ausführlich kritisiert wurden. Dies umfaßte regelmäßig mehrere Iterationen. Der (unbenotete) Leistungsnachweis wurde an die Teilnehmer einer Gruppe vergeben, wenn der Abschlußbericht der Gruppe ein zufriedenstellendes Niveau erreicht hatte.

1.5.4 Rückblick auf die Organisation

Rückblickend läßt sich feststellen, daß die Organisation der Teilnehmer in Gruppen zu einem sehr passablen Ergebnis geführt hat. Dies ist insbesondere der Tatsache zuzuschreiben, daß neunzehn Studenten an diesem Praktikum teilnahmen, so daß die Einteilung in Gruppen wie beschrieben vorgenommen werden konnte. Die Gruppen waren in sich relativ homogen, was die Leistungsfähigkeit und das Interesse der einzelnen Gruppenmitglieder betraf. So hatten sich in der RL-Gruppe hauptsächlich Studenten zusammengefunden, deren Interesse im Bereich der systemorientierten Informatik liegt, und in der AS-Gruppe solche Studenten, die überwiegend mathematisch oder theoretisch orientiert sind.

Die wöchentlichen Treffen im Plenum erwiesen sich als überaus wertvoll, insbesondere im Hinblick auf die Abstimmung der Arbeit für die einzelnen Gruppen und ihre Synchronisation. Auf diese Weise konnte ein Forum geschaffen werden, das jeden Teilnehmer des Praktikums auf etwa den gleichen Kenntnisstand brachte, soweit die Arbeit der anderen Gruppen betroffen war.

1.5.5 Kritik

Wenn wir das Praktikum erneut durchführen würden, so würden wir dies nicht in einem Sommersemester tun. Dieser Zeitrahmen hat sich als recht eng erwiesen, was auch darin zum Ausdruck kam, daß einige Abschlußarbeiten im folgenden Wintersemester stattfanden. Wir würden vielmehr dazu übergehen, ein solches Praktikum in einem Wintersemester durchzuführen, und die Möglichkeit eröffnen, die Abschlußberichte in den darauf folgenden Semesterferien verfassen und abnehmen zu lassen.

Kapitel 2

Aufgaben des Compilers — ein kurzer Überblick

In diesem Abschnitt wollen wir Ihnen einen groben Überblick über den Übersetzungsprozeß für Programmiersprachen geben. Dieser Überblick ist dazu gedacht, die folgenden Kapitel in den richtigen Kontext der Praktischen Informatik und des Software Engineering zu stellen. Darüber hinaus kann dieses Kapitel zur Auffrischung Ihrer Kenntnisse im Hinblick auf den Übersetzerbau dienen. Wir haben uns bemüht, zu jedem Abschnitt einige wenige Literaturangaben zu machen, um Ihnen Werke in Erinnerung zu rufen, in denen der besprochene Stoff gründlich und vertieft behandelt wird. Diese Literaturangaben streben natürlich keine Vollständigkeit an, sie geben die persönlichen und subjektiven Präferenzen der Verfasser wieder.

2.1 Die Aufgaben eines Compilers

Ein Compiler übersetzt ein Programm, das in einer problemorientierten Programmiersprache geschrieben ist, in eine maschinenorientierte Sprache und erlaubt dadurch die Ausführung des Programms durch einen Computer. Aus dieser Beschreibung geht hervor, daß die Aufgabe eines solchen Programms die Übersetzung von einer Sprache in eine andere ist, so daß man Programme, die etwa von LISP nach FORTRAN übersetzen, auch als Compiler bezeichnen könnte — die Zielmaschine ist dann eben die FORTRAN-Maschine. Wir konzentrieren uns im folgenden jedoch nicht auf solche Tätigkeiten, die besser mit Programmtransformationen beschrieben werden, sondern vielmehr auf solche Programme, die eine problemorientierte Programmiersprache in die Sprache einer real existierenden Maschine übersetzen.

Die Übersetzung läßt sich in verschiedene logische Phasen einteilen, die entweder strikt sequentiell hintereinander oder zeitlich verschränkt miteinander ausgeführt werden.

2.2 Die Phasen eines Compilers

Die erste Phase des Übersetzungsprozesses ist die *lexikalische Analyse*. Sie analysiert den Quelltext, indem sie die Folge von Zeichen, aus denen das Programm besteht, zu größeren Einheiten zusammenfaßt und diese Einheiten klassifiziert (z.B. Bezeichner, arithmetischer Operator, Semikolon). Diese lexikalischen Einheiten werden Token genannt. Die lexikalische

Analyse produziert aus dem Quellprogramm eine Folge von Token, die weitergegeben wird an die nächste Phase, die ***syntaktische Analyse.*** Diese Analyse-Phase stellt die syntaktische Struktur des Programms fest. Die syntaktische Struktur folgt einer kontextfreien Grammatik, und es wird hier versucht, das vorgegebene Programm aus dem Startsymbol dieser Grammatik abzuleiten. Aus der Tokenfolge wird — zumindest konzeptionell — ein Syntaxbaum produziert, der die syntaktische Struktur widerspiegelt. Dieser Syntaxbaum dient als Eingabe in die ***semantische Analyse.*** Es wird hier z.B. analysiert, welchen Typ die Variablen haben (falls dies nicht durch Deklaration festgestellt werden kann) oder ob die Variablen ihrem Typ entsprechend verwendet werden oder was es mit der Sichtbarkeit der einzelnen Bezeichner auf sich hat. Formal läßt sich dies darstellen, indem der Syntaxbaum aus der syntaktischen Analyse dekoriert wird: jeder Knoten wird mit entsprechenden Eigenschaften beschriftet. Das Endresultat der semantischen Analyse ist konzeptionell ein dekorierter Syntaxbaum, der als Eingabe in die nächste Phase dient, in der *Zwischencode* erzeugt wird. Der Zwischencode kann viele Gestalten haben, eine der populäreren ist *Drei-Adreß-Code.* Eine typische Anweisung im Drei-Adreß-Code hat die Form $A := B$ op C, wobei A, B und C in der Regel Zeiger in die Symbol-Tafel sind und op ein Operator.

Der Drei-Adreß-Code ist in der Regel kein optimaler Code, da die Berechnung des Zwischencode den Kontext des gesamten Programms nicht sieht. Zu den Verbesserungen gehört etwa die Elimination toten Codes, die Untersuchung, ob in Schleifen die teure Multiplikation durch die billigere Addition ersetzt werden kann, oder die Berechnung gemeinsamer Teilausdrücke für komplexe Ausdrücke, die, sofern sie bekannt sind, nur einmal berechnet werden müssen. Aus den Anweisungen des Zwischencode werden in der *Optimierungsphase* Basisblöcke geformt, die die Knoten eines Datenflußgraphen bilden, über dem diese Untersuchungen zur Optimierung durchgeführt werden. Als Resultat dieser Optimierungsphase ergibt sich — in der Regel — besserer Zwischencode, der dann als Eingabe in den *Code-Generator* dient. Der Code-Generator hat als Eingabe einen dekorierten Syntaxbaum und produziert als Ausgabe Anweisungen in einer maschinennahen Sprache, z.B. einem Assembler. Dies geschieht in der Regel dadurch, daß Maschinenbefehle durch Baum-Muster beschrieben werden, so daß die Code-Auswahl damit äquivalent ist, den Baum mit solchen Mustern zu überdecken. Dies kann durch Methoden geschehen, die der Syntax-Analyse recht nahe sind, oder durch Optimierungstechniken, da es ja darum geht, Code so zu erzeugen, daß möglichst geringe Kosten entstehen.

Der Output aus der Code-Erzeugungsphase wird dann von System-Routinen wie Bindern und Ladern weiterbehandelt, um schließlich ein ausführbares Programm zu erzeugen.

Wir wollen uns nun die einzelnen Phasen mit den damit verbundenen Formalismen ein wenig näher ansehen.

2.3 Die lexikalische Analyse

Gegeben ist ein Quellprogramm als eine Folge von Zeichen im verwendeten Zeichensatz. Dieses Quellprogramm soll zunächst in lexikalischer Hinsicht analysiert werden. Es wird dazu eine Folge von Token erzeugt; jedes Token besteht aus zwei Komponenten, der lexikalischen Kategorie, und einem Wert. Jedes Token ist die Zusammenfassung einiger Zeichen in der Eingabe, und die Kategorie des Tokens hängt von der äußeren Gestalt dieser Folge von Zeichen ab. In der Sprache *C* würde etwa die Folge

```
Anzahl Zeichen = 2 * NoZeilen;
```

zerlegt werden in die Tokenfolge

Bezeichner Zuweisung ganze_Zahl Mal Bezeichner Semikolon.

Woraus sich Token zusammensetzen, hängt von der lexikalischen Struktur der Sprache ab. In der Regel lassen sich Tokenklassen durch reguläre Ausdrücke beschreiben:

Definition: Es sei X ein endliches Alphabet und X^* die von X erzeugte freie Halbgruppe. Dann werden *reguläre Ausdrücke* über X und die von ihnen bezeichneten Mengen wie folgt definiert:

1. a ist für jedes $a \in X^*$ ein regulärer Ausdruck und bezeichnet die Menge $\{a\}$,
2. sind a und b reguläre Ausdrücke, die die Mengen A und B bezeichnen, so sind $a + b$ und ab reguläre Ausdrücke, welche die Mengen $A \cup B$ bzw. AB bezeichnen,
3. ist a ein regulärer Ausdruck, der die Menge A bezeichnet, so ist a^* ein regulärer Ausdruck, der die Menge A^* bezeichnet.

Reguläre Ausdrücke dienen zur Beschreibung der lexikalischen Klassen in der Folge von Zeichen, die das Programm darstellen. Sie sind zur Implementierung jedoch nicht so gut geeignet, hierzu werden endliche Automaten herangezogen.

Definition: Sei E ein endliches Alphabet und Z eine endliche Menge von Zuständen. Dann heißt das Quintupel (E, Z, z_0, δ, F) ein *endlicher Automat*, falls $z_0 \in Z$ der Anfangszustand ist, $F \subset Z$ eine Menge von Endzuständen und $\delta : E \times Z \to Z$ eine Abbildung, die Übergangsfunktion, ist.

Der Automat startet im Anfangszustand z_0; hat er im Zustand z den Buchstaben x gelesen, so ist er nach der Verarbeitung von x im Zustand $\delta(x, z)$. Die Funktion δ kann auf kanonische Weise auf Eingabefolgen übertragen werden, indem man $\delta(\varepsilon, z) := z$ und $\delta(vx, z) := \delta(x, \delta(v, z))$ für alle Zustände z setzt. Eine Zeichenfolge $v \in X^*$ wird von dem Automaten *akzeptiert*, falls gilt $\delta(v, z_0) \in F$, falls also die Eingabefolge v den Automaten vom Anfangszustand z_0 in einen der Endzustände überführt. Man zeigt nun, daß die regulären Ausdrücke über dem Eingabe-Alphabet E genau die Mengen bezeichnen, die von endlichen Automaten akzeptiert werden.

Man kann Algorithmen angeben, mit deren Hilfe man zu einem regulären Ausdruck einen äquivalenten endlichen Automaten findet, also einen Automaten, der die vom regulären Ausdruck bezeichnete Menge und nichts anderes erkennt. Reguläre Ausdrücke können sehr leicht durch Programme interpretiert werden, so daß man auf diesem Wege Möglichkeiten findet, Erkennungsalgorithmen für reguläre Ausdrücke zu konstruieren.

Da sich die Token — genauer ihre jeweiligen Kategorien — durch reguläre Ausdrücke beschreiben lassen, kann man für jede Tokenklasse einen erkennenden Automaten erzeugen und muß lediglich dafür sorgen, daß bei der Erkennung eines Tokens zum richtigen Automaten verzweigt wird.

Arbeitsweise. Die lexikalische Analyse arbeitet dann wie folgt: für ein möglichst langes Anfangsstück der zu untersuchenden Zeichenfolge wird durch einen geeigneten Automaten die Token-Kategorie festgestellt. Besitzt das entsprechende Token einen Wert (dies ist etwa der Fall bei Bezeichnern, deren Wert die Zeichenkette ist, oder bei numerischen Konstanten, deren Wert dann die entsprechende Zahl ist), so wird dieser Wert festgestellt und ebenfalls weitergegeben.

Werkzeuge. Die lexikalische Analyse wird unter UNIX durch das Standardwerkzeug *lex* unterstützt, das es gestattet, aus regulären Ausdrücken jeweils direkt Tokenklasse und Tokenwert zu gewinnen. *lex* leitet aus dem regulären Ausdruck einen endlichen Automaten ab, der dann mit Hilfe von Tabellen interpretiert wird und das Gewünschte leistet. Die Konstruktion von Scannern ist jedoch recht einfach, die Benutzung von Werkzeugen wie *lex* führt andererseits nicht zu besonders effizienten Analysatoren. Hinzu kommt, daß für die Benutzung des Werkzeugs ein Formalismus gelernt werden muß, nämlich die Spezifikation der regulären Ausdrücke, so daß sich in der Tat die Frage stellt, ob sich hier die Verwendung eines Werkzeugs lohnt.

Literaturhinweise. Die mathematischen Grundlagen der lexikalischen Analyse sind ausführlich in [AU72] und [HU79], Implementationsgesichtspunkte in [ASU86,AU77,WG84,Zim82] dargestellt; [KP84] geht auf die lexikalische Analyse kleiner Sprachen ein.

2.4 Die syntaktische Analyse

Die Aufgabe der Syntax-Analyse besteht darin, die syntaktische Struktur des Programms für spätere Phasen zu erkennen. Diese Struktur wird mit Hilfe von kontextfreien Grammatiken beschrieben; wir erinnern an diesen Begriff:

Definition: Ein Quadrupel $G = (T, N, R, S)$ heißt eine *kontextfreie Grammatik*, wenn T und N endliche Alphabete sind (die Menge der terminalen bzw. nichtterminalen Symbole), R eine Menge von Regeln und $S \in N$ das Startsymbol ist. Jede Regel aus R ist von der Gestalt $A \to \alpha$, wobei $A \in N$ ein Non-Terminal und $\alpha \in (T \cup N)^*$ ein Wort aus terminalen oder nicht-terminalen Symbolen ist.

Man definiert nun mittels R eine Ableitungsrelation $\Rightarrow$: $\alpha A \beta \Rightarrow \alpha\gamma\beta$ gilt für $\alpha, \beta, \gamma \in (T \cup N)^*, A \in N$ genau dann, wenn $A \to \gamma$ eine Regel in R ist.

Zur Relation $\Rightarrow$ wird die reflexive und transitive Hülle $\stackrel{*}{\Rightarrow}$ gebildet, und die von einer kontextfreien Grammatik G erzeugte Sprache $L(G)$ wird dann definiert als

$$L(G) = \{v \in T^* : S \stackrel{*}{\Rightarrow} v\},$$

also als die Menge aller Wörter, die aus dem Startsymbol S abgeleitet werden können.

In unserem Zusammenhang sind die terminalen Symbole die Token, die von der lexikalischen Analyse geliefert werden, während die nicht-terminalen Symbole grammatische Kategorien andeuten, die wir einführen, um die Syntax des Programms besser beschreiben zu können.

Abstrakt gesehen geht es also darum, für eine vorgelegte Folge von Token (= terminalen Symbolen) zu entscheiden, ob diese Folge ein Element der Sprache ist, die durch die Grammatik der Programmiersprache erzeugt wird.

Betrachten wir ein Beispiel: Bezeichner seien der regulären Menge

$$Buchstabe(Buchstabe + Ziffer)^*$$

entnommen, mit

$$\begin{array}{rcl} Buchstabe & := & \{\text{'}a\text{'},\ldots,\text{'}z\text{'},\text{'}A\text{'},\ldots,\text{'}Z\text{'}\} \\ Ziffer & := & \{\text{'0'},\ldots,\text{'9'}\} \end{array}$$

das Zuweisungssymbol sei ' := ' wie in Pascal, die Addition und Subtraktion seien wie üblich und ' + ' und ' – '. Unsere Grammatik G beschreibt die Zuweisung arithmetischer Ausdrücke an Bezeichner: $G = (T, N, R, S)$ mit

$$\begin{array}{rcl} T & := & \{\textbf{id}, \textbf{plus}, \textbf{minus}, \textbf{assgn}, \textbf{OParen}, \textbf{ZParen}\}, \\ N & := & \{S, E, op\}. \end{array}$$

R bestehe aus den Regeln

$$\begin{array}{lcl} (1)\ S & \rightarrow & \textbf{id assgn } E \\ (2)\ E & \rightarrow & \textbf{id} \\ (3)\ E & \rightarrow & \textbf{OParen } E \textbf{ ZParen} \\ (4)\ E & \rightarrow & E\ Op\ E \\ (5)\ Op & \rightarrow & \textbf{plus} \\ (6)\ Op & \rightarrow & \textbf{minus} \end{array}$$

Das Programm (P)

$$x := a - (b + c)$$

würde von der lexikalischen Analyse in die Tokenfolge (P')

id assgn id minus OParen id plus id ZParen

zerlegt werden, die syntaktische Analyse würde (P ') aus S wie folgt ableiten

$$\begin{array}{lll} S & \Rightarrow_{(1)} & \textbf{id assgn } E \\ & \Rightarrow_{(4)} & \textbf{id assgn } E\ Op\ E \\ & \Rightarrow_{(3)} & \textbf{id assgn } E\ Op \textbf{ OParen } E \textbf{ ZParen} \\ & \Rightarrow_{(4)} & \textbf{id assgn } E\ Op \textbf{ Oparen } E\ Op\ E \textbf{ ZParen} \\ & \Rightarrow_{(2)} & \textbf{id assgn } E\ Op \textbf{ OParen } E\ Op \textbf{ id ZParen} \\ & \Rightarrow_{(5)} & \textbf{id assgn } E\ Op \textbf{ OParen } E \textbf{ plus id ZParen} \\ & \Rightarrow_{(2)} & \textbf{id assgn } E\ Op \textbf{ Oparen id plus id ZParen} \\ & \Rightarrow_{(6)} & \textbf{id assgn } E \textbf{ minus OParen id plus id ZParen} \\ & \Rightarrow_{(2)} & \textbf{id assgn id minus OParen id plus id ZParen} \end{array}$$

Die Tokenfolge (P') gehört also zu $L(G)$.

Das Problem zu entscheiden, ob eine gegebene Zeichenkette zu $L(G)$ für eine kontextfreie Grammatik G gehört, ist kombinatorisch recht kompliziert. Allgemein kann man für ein Eingabewort der Länge n mit einem Zeitbedarf von $O(n^3)$ und einem Platzbedarf von $O(n^2)$ entscheiden, ob das Wort zu $L(G)$ gehört oder nicht (Algorithmus von Cocke-Younger-Kasami). Obgleich diese Methode allgemein anwendbar ist, ist sie doch für praktische Zwecke entschieden zu langsam und zu speicher-intensiv. Für praktische Zwecke werden in der Regel $LL(1)$- und $LR(1)$-Grammatiken als spezielle Klassen von kontextfreien Grammatiken herangezogen. Mit diesen Grammatiken ist es möglich, unter linearem Zeit- und Platzbedarf die Zugehörigkeit einer Zeichenkette zur Sprache zu entscheiden. Beide Klassen von Grammatiken haben darüber hinaus den Vorteil, daß Parser durch Generatoren automatisch erzeugt werden können: die Grammatiken stellen die Spezifikation für die Eingabe eines Generators dar, der den Parser konstruiert. Wir skizzieren im folgenden kurz beide Verfahren.

Eine Ableitung heißt eine *Links-Ableitung* (bzw. eine*Rechts-Ableitung*), falls in jedem Ableitungsschritt das am weitesten links (bzw. rechts) stehende Non-Terminal ersetzt wird; $\Rightarrow_L$ bzw. $\Rightarrow_R$ bezeichnen die zugehörigen Ableitungen. Die $LL(1)$-Analyse geht nun so vor, daß bei gegebenem Wort versucht wird, aus dem Startsymbol eine Links-Ableitung so zu bilden, daß schließlich das gegebene Wort resultiert. Umgekehrt wird bei der $LR(1)$-Analyse versucht, bei vorgegebenem Wort durch schrittweise "rückwärtige" Anwendung von Produktionen (Reduktionen) das vorgegebene Wort zum Startsymbol zu reduzieren; hierbei entsteht eine umgedrehte Rechts-Ableitung. In der Sprechweise von Ableitungsbäumen konstruiert man also bei einer $LL(1)$-Analyse den Ableitungsbaum von der Wurzel her, so daß schließlich die Blätter dieses Baumes von links nach rechts gelesen das vorgegebene Wort ergeben. Bei der $LR(1)$-Analyse baut man hingegen den Baum von den Blättern aus so auf, daß schließlich das Startsymbol als die Wurzel des Ableitungsbaumes erscheint.

Um zur Definition von $LL(1)$-Grammatiken zu kommen, sei an die $FIRST$- und $FOLLOW$-Mengen erinnert. Hierbei bezeichne # das Ende der Eingabe.

Definition: Sei $G = (T, N, R, S)$ eine kontextfreie Grammatik. Für $\alpha \in (T \cup N)^*$ wird die Menge $FIRST(\alpha)$ definiert als

$$\{x \in T : \alpha \stackrel{*}{\Rightarrow} x\beta \text{ für ein } \beta \in (T \cup N)^*\}.$$

Gilt $\alpha \stackrel{*}{\Rightarrow} \epsilon$, so fügt man ϵ zu $FIRST(\alpha)$ hinzu.

Für $A \in N$ wird die Menge $FOLLOW(A)$ definiert als

$$\{x \in T : S \stackrel{*}{\Rightarrow} \alpha_1 A x \alpha_2 \text{ mit } \alpha_1, \alpha_2 \in (T \cup N)^*\}.$$

Kann A das am weitesten rechts stehende Symbol sein, so füge man # zu $FOLLOW(A)$ hinzu.

Die Menge $FIRST(\alpha)$ ist offensichtlich die Menge aller terminalen Symbole, mit denen α oder eine aus α abgeleitete Zeichenkette beginnen kann, die Menge $FOLLOW(A)$ sind all die terminalen Symbole, die auf A in einer Ableitung folgen können.

Eine Grammatik ist dann vom Typ $LL(1)$, wenn folgendes gilt: Können aus einem nichtterminalen Symbol mehrere Alternativen abgeleitet werden, so sind die entsprechenden

FIRST-Mengen paarweise disjunkt. Berücksichtigt man die Möglichkeit, daß auch das leere Wort abgeleitet werden kann, so kommt man zu der folgenden Bedingung: für jede Regel

$$A \to \alpha_1 \mid \ldots \mid \alpha_n$$

hat man für $i \neq j$:

$$FIRST(\alpha_i FOLLOW(A)) \cap FIRST(\alpha_j FOLLOW(A)) = \emptyset.$$

Für praktische Zwecke bedeutet dies, daß beim Vorliegen mehrerer Alternativen das erste terminale Symbol die verwendete Alternative eindeutig bestimmt.

Auf der Basis dieser Überlegungen kann man nun für $LL(1)$-Grammatiken einen tabellengesteuerten Parser konstruieren. Solch ein Parser besteht aus den folgenden vier Komponenten:

- der Eingabe, die von links nach rechts gelesen wird. Ein Eingabezeiger verweist auf das gerade aktuelle Eingabesymbol. Der Zeiger wandert von links nach rechts, aber nie von rechts nach links,
- einem Stack, der Grammatiksymbole speichert und sich die letzte angewandte Produktion merkt,
- einer Tabelle, mit der die Aktionen des Analyse-Programms gesteuert werden,
- dem Kontrollprogramm selbst.

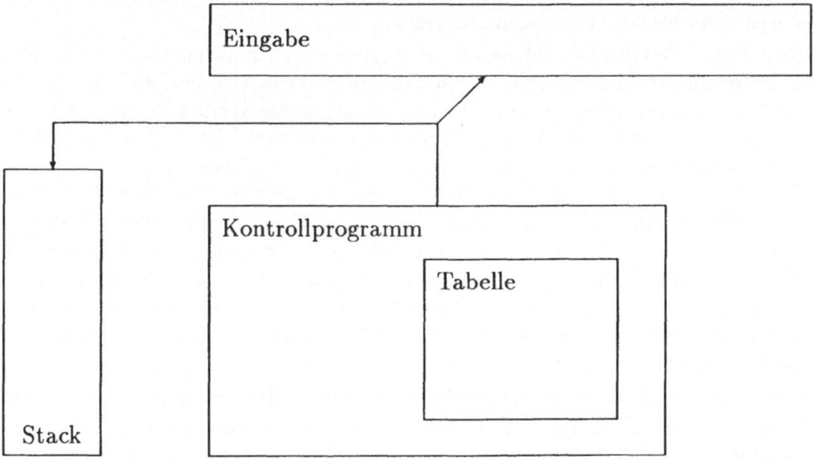

Die Tabelle ist das Herzstück des Parsers; sie verwaltet den Stack. Am Anfang enthält der Stack lediglich das Startsymbol der Grammatik, und wenn nach vollständigem Abarbeiten der Eingabe der Stack leer ist, so hält der Parser an, und das Wort ist erfolgreich analysiert worden.

Ein typischer Arbeitsschritt sieht wie folgt aus: Ist X das Symbol oben auf dem Stack und a das nächste Eingabe-Symbol, so bestimmen diese beiden Komponenten den nächsten

Schritt. Ist $X = a$, so wird X vom Stack genommen und der Eingabezeiger um eine Position weiter nach rechts gerückt. Andernfalls wird der zum Paar (X, a) gehörende Eintrag in der Tabelle konsultiert. Besteht dieser Eintrag aus einer Produktion $X \rightarrow ABC$, so wird X auf dem Stack durch CBA ersetzt, so daß C nun oben auf dem Stack liegt. Mit diesem neuen Stack-Symbol wird dann weitergearbeitet. Alternativ steht **error** als Eintrag für (X, a) in der Tabelle. Dann ist das vorgelegte Eingabewort fehlerhaft, und die Syntax-Analyse kann entweder geeignete Fehleraktionen einleiten oder die Analyse abbrechen. Das Verfahren endet also, wenn entweder der Stack leer und die Eingabe erschöpft ist (was zum Akzeptieren des Wortes führt) oder wenn eine Fehlermeldung die reguläre Arbeit des Parsers unterbricht.

Die Konstruktion der Tabelle ist zentral für dieses Verfahren. Sie ist spezifisch für die Grammatik, während sich die anderen Komponenten (Eingabe, Stack, Kontrollstruktur des Algorithmus) nicht mit der Grammatik ändern. Die Konstruktion der Tabelle beruht darauf, daß man sich zunutze macht, ein Symbol in der Eingabe vorausschauen zu können.

Der Eintrag für das Paar (X, a) besteht zunächst aus der Produktion $X \rightarrow \alpha$, falls $a \in FIRST(\alpha)$. Gilt $\epsilon \in FIRST(\alpha)$, so füge man $X \rightarrow \alpha$ zu jedem Eintrag (X, b) mit $b \in FOLLOW(X)$ hinzu, gilt darüber hinaus $\# \in FOLLOW(X)$, so erweitere man den Eintrag für $(X, \#)$ um $X \rightarrow \alpha$. Alle so nicht gefüllten Einträge versehe man mit **error**.

Man kann nachweisen, daß die geschilderte Tabellenkonstruktion zu eindeutigen Tabelleneinträgen genau dann führt, wenn die zugrundeliegende Grammatik vom Typ $LL(1)$ ist. $LL(1)$ deutet darauf hin, daß die Eingabe von links nach rechts gelesen wird und eine Links-Ableitung erzeugt wird.

Es ist offensichtlich, daß bei der geschilderten Vorgehensweise des Kontrollprogramms und bei der Initialisierung des Stack durch S eine Links-Ableitung gefunden wird. Es kann gezeigt werden, daß der durch die Tabelle erzeugte Parser genau die Wörter in $L(G)$ erkennt, also nicht mehr und nicht weniger als den Sprachumfang.

Eine Variante dieser Technik besteht darin, die Aktionen der Syntax-Analyse nicht wie bei $LL(1)$ in Tabellen zu verschlüsseln, sondern durch den Kontrollfluß des analysierenden Programms selbst darzustellen. Dazu wird für jedes nicht-terminale Symbol eine eigene Prozedur geschrieben, die beim Auftreten dieses Symbols aufgerufen wird. Ist etwa $X \rightarrow ABC$ eine Produktion, so besteht die Prozedur für X im wesentlichen aus den Aufrufen der zu A, B und C gehörenden Prozeduren, falls es sich hierbei um Non-Terminals handelt. Falls dagegen terminale Symbole vorliegen, wird das entsprechende Symbol mit dem gerade aktuellen Input verglichen. Findet Übereinstimmung statt, wird wie oben der Eingabezeiger weitergerückt, bei Nichtübereinstimmung wird ein Fehler gemeldet. Dieses in groben Zügen geschilderte Verfahren heißt *rekursiver Abstieg*. Es hat gegenüber dem tabellengesteuerten Verfahren den Nachteil, daß es schwierig ist, den Kontrollfluß automatisch so zu generieren, wie dies bei Tabellen der Fall sein kann.

Eine Alternative zu den geschildeten LL-Verfahren besteht in den nun skizzierten LR-Verfahren. Auch hier geht es darum, die Eingaben von links nach rechts zu lesen, es wird jedoch eine Rechts-Ableitung erzeugt, was dem Aufbau des Ableitungsbaums von den Blättern zur Wurzel her entspricht. Die Analyse für $LR(1)$-Verfahren ist ganz ähnlich aufgebaut wie für $LL(1)$. Sie besteht aus einem Eingabeband, das das zu analysierende Wort enthält und das durch $\#$ abgeschlossen wird. Darüber hinaus gibt es einen Stack, eine Kontrolleinheit und Tabellen, die das Verfahren steuern, allerdings enthält der Stack jetzt nicht nur Grammatik-Symbole, sondern auch Zustände.

Der Stack besteht aus einer alternierenden Folge $s_0 X_1 s_1 \ldots X_t s_t$, wobei die $X_i \in T \cup N$ Grammatik-Symbole und die s_i Zustände sind. Zur Manipulation des Stack werden zwei

Tafeln *action* und *goto* herangezogen. Liest die Kontrolleinheit a_k und ist s_t oben auf dem Stack, so kann folgendes geschehen:

1. *action* $[s_t, a_k]$ = *shift s*. In diesem Fall kommen a_k und s_t auf den Stack, und der Lesekopf wandert um eine Position nach rechts.
2. *action* $[s_t, a_k]$ = *reduce* $A \to \beta$ (wobei $A \to \beta$ eine Regel der Grammatik ist). Die Kontrolleinheit nimmt $2* \mid \beta \mid$ Elemente vom Stack und legt A sowie s auf den Stack, wobei $s :=$ *goto* $[s_{t-|\beta|}, A]$ ist ($s_{t-|\beta|}$ ist das oberste Stacksymbol, wenn $2* \mid \beta \mid$ Symbole vom Stack abgeräumt sind). Der Lesekopf wandert in diesem Fall nicht weiter.
3. *action* $[s_t, a_k]$ = *accept*. Die Syntax-Analyse ist erfolgreich beendet.
4. *action* $[s_t, a_k]$ = *error*. Ein Fehler ist vorgekommen, und wir brechen ab.

Es ist also nötig, die Tafeln *action* und *goto* zu kennen. Hier gibt es verschiedene Verfahren, deren Mächtigkeit und Komplexität sich unterscheiden. Wir wollen das einfachste darstellen.

Ein *Item* für G besteht aus einer Produktion in R, die auf der rechten Seite einen Punkt enthält. Die Produktion $A \to BC$ gibt Anlaß zu den drei Items $A \to \bullet BC, A \to B \bullet C$, $A \to BC\bullet$.

Definition: Die Hülle $cl(I)$ einer Menge I von Items ist wie folgt iterativ bestimmt: $cl(I)$ wird zu I initialisiert, dann wird die Menge abgeschlossen: ist $A \to \alpha \bullet B\mu$ ein Item in $cl(I)$ und $B \to \mu$ eine Produktion, so füge man $B \to \bullet\mu$ zu $cl(I)$ hinzu. Dies geschieht so lange, bis sich nichts mehr ändert.

Daneben benötigen wir eine Übergangsfunktion *sp*, die für eine Menge I von Items und ein Grammatik-Symbol X definiert ist als

$$sp(I, X) := cl(\{A \to \alpha X \bullet \beta; A \to \alpha \bullet X\beta \in I\})$$

Wir erweitern unsere Grammatik G zu einer Grammatik G', indem wir ein neues Startsymbol $S' \to S$ zu G hinzufügen. Dies geschieht, um vom Startsymbol aus eine eindeutig bestimmte Anfangsproduktion zu haben. Es gilt ganz offensichtlich $L(G) = L(G')$.

Wir benötigen im folgenden $K(G')$, die kanonische Kollektion von Items für G'.

Definition: Die *kanonische Kollektion* von Items wird iterativ bestimmt mit der Initialisierung: $K(G') := cl(\{S' \to \bullet S\})$ und dem Abschluß: ist $I \in K(G')$ und X ein Grammatik-Symbol von G', so füge man $sp(I, X)$ zu $K(G')$ hinzu. Dies geschieht so lange, bis sich nichts mehr ändert.

Damit sind unsere Vorbereitungen fast abgeschlossen. Wir brauchen für die weitere Formulierung unseres Formalismus für jedes Non-Terminal A die Menge $FOLLOW(A)$ (vgl. Seite 18), also alle terminalen Symbole, die auf A in einer Ableitung folgen können (hierbei zählen wir # zu den terminalen Symbolen, so daß $\# \in FOLLOW(S')$).

Ist $C = \{I_0, \ldots, I_n\}$ die kanonische Kollektion von Items für G', so setzt man $Z := \{0, \ldots, n\}$ als Menge der Zustände. Wir setzen fest:

1. *action* $[i, a] :=$ *shift* j, falls $A \to \alpha \bullet a\beta \in I_i$ und $sp(I_i, a) = I_j \quad (a \in T)$
2. *action* $[i, a] :=$ *reduce* $A \to \beta$, falls $A \to \beta\bullet \in I_i$ und $a \in FOLLOW(A)$ $(A \in N)$, also $A \neq S'$)
3. *action* $[i, \#] :=$ *accept*, falls $S' \to S\bullet \in I_i$
4. *goto* $[i, A] := j$, falls $sp(I_i, A) = I_j \quad (A \in N)$
5. alle nicht erwähnten Einträge werden auf **error** gesetzt
6. der Anfangszustand k ergibt sich aus I_k, falls $S' \to \bullet S \in I_k$

Wenn ein *action*-Feld mehrfach definiert ist, arbeitet das Verfahren nicht — wir müssen zu komplizierteren Methoden greifen.

Das geschilderte Verfahren heißt $SLR(1)$ (*simple* $LR(1)$). Komplexere Verfahren sind das allgemeine $LR(1)$- und das $LALR(1)$-Verfahren, die jeweils komplexere Algorithmen zur Konstruktion der Item-Mengen verwenden. Die Arbeitsweisen dieser Verfahren nutzen aus, daß die Teilwörter bereits erkannter rechter Seiten von Produktionen eine reguläre Menge bilden, die mit Hilfe endlicher Automaten erkannt werden kann. Das tabellengesteuerte Verfahren, das gerade angegeben wurde, beruht zum Teil auf der Implementierung eines solchen endlichen Automaten.

Die in den drei angesprochenen Verfahren zu konstruierenden Tabellen benutzen Mengen von Items, die selbst wieder recht groß und recht unübersichtlich werden können. Dies scheint gegen diese Verfahren zu sprechen, es stellt sich jedoch heraus, daß die Tabellen relativ einfach systematisch erzeugt werden können. Daher sind diese Verfahren vorzüglich dazu geeignet, automatische Parser zu erzeugen.

Der leitende Gedanke beim Einsatz von LL- und LR-Verfahren ist die Möglichkeit, aus der Grammatik automatisch Parser erzeugen zu können. Als Beispiel sei hier der Parser-Generator *Coco* [RM85] genannt, der von Rechenberg und Mössenböck in Linz entwickelt wurde. Coco ist ein $LL(1)$-Generator, der in *Modula-2* geschrieben ist und Compiler in *Modula-2* erzeugt. Der Generator kann auf Personal Computern ablaufen. LL-Generatoren scheinen nicht so populär zu sein wie Generatoren für LR. Hier ist der vielverwendete Generator *yacc* unter UNIX zu nennen, der auch für LA benutzt wurde.

Literaturhinweise. Die mathematischen Grundlagen der Syntax-Analyse, insbesondere das automatentheoretische Gerüst, sind in [AU72] und [HU79] zu finden, die Verfahren zur Gewinnung von Tabellen beim LL- und LR-Parsing in [AU77,ASU86]; in recht komprimierter Form wird darauf auch in [WG84,Zim82] eingegangen. Die Überblicksarbeit in [AJ74] befaßt sich mit der Konstruktion von Tabellen für diverse Varianten des LR-Parsing. Parser-Generatoren werden in ihrer Konzeption in [WG84,RM85] diskutiert. Wir haben oben auf *Coco* hingewiesen, *Yacc* wird sehr durchsichtig in [KP84] diskutiert; ein Prototyp für einen Parser-Generator ist in [DF89] angegeben.

2.5 Die semantische Analyse

Die syntaktische Analyse zerlegt ein Programm in syntaktische Einheiten, kümmert sich jedoch nicht darum, was diese Einheiten bedeuten. Dies besorgt die nächste Phase des

Compilers, in der die Bedeutung des Programms unter Zuhilfenahme der primitiven Konzepte der Programmiersprache beschrieben wird. Hierzu gehören

- Namens-Analyse: Die in einer Programmregion auftretenden Namen müssen analysiert und ggf. Deklarationen zugeordnet werden. Hier ist also etwa die Frage zu beantworten, zu welcher Deklaration ein Bezeichner gehört, ob ein Bezeichner lokal oder global ist und ob sein Auftreten das Auftreten anderer Bezeichner des gleichen Namens verschattet.
- Typ-Analyse: Es wird zu jedem Bezeichner und zu jedem Ausdruck festgestellt, welchen Typ dieser Ausdruck hat. Das kann entweder geschehen, indem Deklarationen zu Hilfe genommen werden, oder indem der Kontext für das Auftreten des Ausdrucks analysiert wird.
- Überprüfung der korrekten Verwendung von Operatoren und ggf. Ableitung der korrekten Version überladener Operatoren. Beispielsweise wird in einem Ausdruck $x + y$ der Typ von x und von y festgestellt; handelt es sich um reelle Zahlen, so muß die entsprechende Addition reellwertig sein, handelt es sich um ganze Zahlen, so wird die entsprechende ganzzahlige Addition verwendet, und ist einer der beiden Bezeichner reell, der andere ganzzahlig, so muß für den ganzzahligen Operanden ggf. Code zur Typkonversion erzeugt werden (falls die Sprache dies zuläßt).

Semantische Eigenschaften können entweder *statisch* abgeleitet werden, also ohne daß das zugehörige Programm ausgeführt werden muß, oder sie können sich *dynamisch* erst zur Laufzeit des Programms ergeben. In schwach getypten Sprachen wie etwa *SETL* kann der Ausdruck $x + y$ andeuten, daß zwei Zahlen addiert werden, zwei Zeichenketten konkateniert, zwei Mengen miteinander vereinigt oder zwei Vektoren aneinandergehängt werden. Dies kann datenabhängig sein, so daß eine statische Analyse nicht immer feststellen kann, um welche Version des überladenen Operators es sich handelt. Die Unterscheidung zwischen statischer und dynamischer Analyse ergibt eine Unterscheidung in *statische* und *dynamische* Semantik. Man ist in der Regel bestrebt, möglichst viele Aussagen mit Hilfe statischer Analysen zu machen, da dynamische Analysen zur Laufzeit durchgeführt werden müssen und daher die Ausführungsgeschwindigkeit des Programms beeinflussen können.

Attributierte Grammatiken haben sich als praktischer Formalismus zur Beschreibung der statischen Semantik eines Programms bewährt, und wir wollen diesen Formalismus im folgenden kurz schildern. Wir definieren zunächst attributierte Grammatiken, zeigen an einigen Beispielen auf, wie sich Attribute zur Beschreibung semantischer Eigenschaften heranziehen lassen und geben dann Bedingungen und eine Konstruktion zur Auswertung der Attributierung eines Syntaxbaums an. Obgleich wir im Compiler für *LA* dieser Formalismus nicht explizit benutzen, sind die zugrundeliegenden Ideen in die semantische Analyse eingegangen. Wir verstehen daher diesen Abschnitt als Erläuterung des formalen Hintergrunds, ohne auf seine Ergebnisse zurückzugreifen.

Eine attributierte Grammatik besteht aus vier Komponenten: zunächst benötigen wir eine kontextfreie Grammatik, dann wird für jedes Symbol der Grammatik festgelegt, welche Attribute das Symbol haben soll, es werden Regeln für die Attributierung festgelegt, und schließlich wird für jede Produktion eine Menge von semantischen Bedingungen festgelegt, die als Kontext-Bedingungen die semantische Korrektheit sichern.

Definition: Eine *attributierte Grammatik* besteht aus den Komponenten (G, A, R, B), wobei $G = (T, N, R, S)$ eine kontextfreie Grammatik ist, in der jedem Symbol $X \in T \cup N$ eine Menge von Attributen $A(X)$ so zugeordnet wird, daß verschiedenen Symbolen disjunkte Attributmengen haben. Dabei stehen insgesamt nur endlich viele Attribute zur Verfügung. Jeder Produktion p ist eine endliche Menge $R(p)$ von Attributierungsregeln und eine ebenfalls endliche Menge $B(p)$ von semantischen Bedingungen zugeordnet. Es wird zusätzlich gefordert, daß für jedes Vorkommen eines Grammatik-Symbols X im Syntaxbaum zu einem korrekten Wort $w \in L(G)$ für jedes Attribut in $A(X)$ höchstens eine Attributierungsregel zur Auswertung des Attributs angewandt werden kann.

Notiert man das Attribut a für das Grammatik-Symbol X als $X.a$, so haben die Attributierungsregeln die Form $X_i.a \leftarrow f(X_{i_1}.a_1, \ldots, X_{i_r}.a_r)$, wobei die Grammatik-Symbole $X_i, X_{i_1}, \ldots, X_{i_r}$ in derjenigen Produktion auftreten, zu deren Attributierungsregeln die genannte Regel gehört. Ein Attribut $X.a$ heißt *synthetisiert*, falls es eine Produktion $p : X \rightarrow X_1 \ldots X_k$ gibt, so daß man für $X.a$ eine Attributierungregel in $R(p)$ der Form $X.a \leftarrow f(\cdots)$ findet. Im Syntaxbaum ergibt sich also an einem Knoten der Wert eines synthetisierten Attributs aus den Werten der Attribute im Unterbaum. Das Attribut $X.a$ heißt *geerbt*, falls man eine Produktion $q : Y \rightarrow X_1 \ldots X_i X X_j \ldots X_k$ so findet, daß für eine Attributierungsregel in $R(q)$ gilt $X.a \leftarrow f(\cdots)$. Der Wert für ein geerbtes Attribut hängt also von Attributwerten des Vaters und der Brüder im Syntaxbaum ab. Man überlegt sich leicht, daß ein Attribut nicht gleichzeitig synthetisiert und geerbt sein kann. Eine dritte Klasse von Attributen sind Attribute, die sich durch unmittelbare Betrachtung des entsprechenden Symbols ergeben (wie etwa der Wert einer Konstante). Solche Attribute werden *intrinsisch* genannt. Der Wert intrinsischer Attribute kann direkt aus den Blättern des Syntaxbaums abgelesen werden, daher werden diese Attribute im folgenden nicht weiter berücksichtigt.

Einige Beispiele sollen den Begriff der Attributierung erläutern.

Regel
  expr → *name*$^{(1)}$ *op* *name*$^{(2)}$
Attributierung
  expr.vorher ←
      `if` *(wandelbar (name*$^{(1)}$*.vorher, int_typ)*
        `and`
        wandelbar (name$^{(2)}$*.vorher, int_typ))*
      `then`
        int_typ
      `else`
        real_typ;
op.operator ← `if` *expr.vorher = int_typ* `then`
          int_op
        `else`
          real_op;
Bedingung
  wandelbar (name$^{(1)}$*.vorher, expr.vorher);*
  wandelbar (name$^{(2)}$*.vorher, expr.vorher);*

Die Regel besagt, daß ein Ausdruck sich ergibt als Resultat der Operation *op* zwischen zwei Variablen, die durch *name*$^{(1)}$ und *name*$^{(2)}$ gegeben sind. Wir nehmen in diesem Beispiel an, daß wir Ausdrücke ganzzahligen oder reellen Typs haben und daß der Operator abhängig vom Typ ausgewählt werden soll. Dazu haben wir Attribute *expr.vorher* und *name.*$^{(i)}$*vorher*, $i = 1,2$, die den Typ angeben, der sich bei den Variablen aus der Deklaration ergibt. Die Berechnung des Attributs *expr.vorher* hält nun fest, ob die entsprechenden Attribute bei den einzelnen Namen in einen ganzzahligen Typ konvertierbar sind, in diesem Fall ist der Typ des gesamten Ausdrucks **integer**, sonst ist sein Typ **real**. Abhängig von diesem gerade festgestellten Typ des Ausdrucks wird der entsprechende Operator ausgewählt. Die Bedingung, unter der diese Regel angewandt werden kann, ist die, daß sich die *vorher*-Attribute der beiden Namen zu einem einzigen Typattribut konvertieren lassen. Hierbei stellt die Boolesche Funktion *wandelbar* fest, ob eine Typumwandlung möglich ist. Ist bei einem der beiden *vorher*-Attribute keine Typwandlung möglich, so liefert *wandelbar* den Wert falsch, d.h. die Bedingung ist verletzt, und es liegt kein semantisch korrektes Programm vor.

Regel
Feld_Typ → 'array' '[' dims ']' 'of' Basis_Typ
Attributierung
Feld_Typ.repr ← RepFkt (array_type, dims.Zahl, Basis_Typ.repr);

Regel
dims → dim
Attributierung
dims.Zahl ← 1;

Regel
dims → dims$^{(1)}$ *',' dim*
Attributierung
dims.Zahl ← dims$^{(1)}$*. Zahl + 1*

Dieses Beispiel befaßt sich mit der Typdarstellung von Feldern. Wir geben drei Regeln an. Die erste Regel beschreibt den Aufbau einer Feld-Deklaration. Ihre Attributierung berechnet das Attribut *Feld_Typ.repr*, der sich als Wert des Aufrufs der Funktion *RepFkt* ergibt, wobei als Parameter für diesen Funktionsaufruf angegeben werden

- *array_type*, also ein Indikator dafür, daß es sich hier um einen Feld-Typen handelt,
- *dims.Zahl*, ein Attribut, das die Anzahl der Dimensionen angibt und später berechnet wird,
- *Basis_Typ.repr* als die Repräsentation des Basis-Typs für dieses Feld.

Die nächsten beiden Regeln berechnen die Dimensionierungen für das Feld; die erste Regel besagt, daß eine Dimensionsangabe aus der Angabe einer einzigen Dimension bestehen kann (wobei *dim* durch eine weitere Regel beschrieben werden muß); die Anzahl *dims.Zahl* wird zu 1 initialisiert. Die nächste Regel beschreibt *dims* linksrekursiv: Die Anzahl der Dimensionen für die linke Seite ergibt sich aus der um 1 erhöhten Anzahl der Dimension für die rechte Seite. Dieses Beispiel zeigt, daß man Attribute dazu heranziehen kann, Repräsentationen für Typdarstellungen zu berechnen, oder auch für solche einfachen Operationen wie das Zählen von Dimensionen.

Die Auswertung von Attributen ist in dem Sonderfall der S-Attributierungen trivial: dann sind alle Attribute synthetisiert, so daß man in *einem* Durchlauf von den Blättern zur Wurzel des Syntaxbaums die Attributwerte innerer Knoten aus denen ihrer Söhne berechnen kann. Liegt dagegen eine Mischung aus geerbten und synthetisierten Attributen vor, so wird die Berechnung der Attributwerte komplexer. Trivialerweise muß der Wert aller Attribute, von denen ein Attribut abhängt, bekannt sein, wenn man den Wert eines Attributs berechnen will.

Wir schildern die Berechnung von Auswertungsstrategien für den Spezialfall der geordneten attributierten Grammatiken, wobei wir uns eng an die Arbeit [Kas80] von Kastens halten.

Es sei $p : X_0 \to X_1 \dots X_n$ eine Produktion in R für eine attributierte Grammatik. Die durch p induzierten *direkten Abhängigkeiten* lassen sich durch einen gerichteten Graphen $DP(p)$ beschreiben: das Paar $(X_i.a, X_j.b)$ ist in $DP(p)$ genau dann, wenn es eine Auswertungsregel in $R(p)$ der Form $X_j.b \leftarrow f(\dots, X_i.a, \dots)$ gibt.

Eine Kante $(X_i.a, X_j.b)$ ist also in $DP(p)$ genau dann, wenn bei Anwendung der Produktion p der Attributwert $X_i.a$ vor dem Attributwert $X_j.b$ bekannt sein muß. Dieser Abhängigkeitsbegriff reicht noch nicht zur Charakterisierung von Auswertungsstrategien aus. Sei $X \in T \cup N$ ein Grammatik-Symbol, das die Attribute $X.a$ und $X.b$ habe; X komme in der Produktion p vor. Dann sagen wir, daß der Attributwert $X.b$ bezüglich p vom Attributwert $X.a$ *direkt* oder *indirekt abhängt*, falls $(X.a, X.b) \in DP(p)$ oder falls es eine Produktion q so gibt, daß $X.b$ von $X.a$ bezüglich q direkt oder indirekt abhängt und X in q vorkommt. Bezeichnet $IDP(p)$ diese Relation, so gilt für IDP die Fixpunktgleichung:

$$(X.a, X.b) \in IDP(p) \Longleftrightarrow (X.a, X.b) \in DP(p)$$

oder X kommt in p vor und für eine geeignete Produktion q, in der X vorkommt, gilt $(X.a, X.b) \in IDP(q)^+$ (hierbei bezeichnet $^+$ die Bildung der nicht-reflexiven transitiven Hülle einer Relation).

Die Relation IDP bezeichnet die induzierten Abhängigkeiten für Produktionen, und die gerade gegebenen Relationen erlauben die rekursive Berechnung dieser Relation. Wir benötigen nun nicht die Abhängigkeiten für Produktionen, sondern die Abhängigkeiten für Symbole. Dazu projizieren wir die Produktions-Abhängigkeiten auf Symbole wie folgt: $(X.a, X.b) \in IDS(X)$ gilt genau dann, wenn für alle $p \in R$, in denen X vorkommt, gilt $(X.a, X.b) \in IDP(p)$. Die Relation IDS ist eine Abschätzung von Abhängigkeiten, die gelegentlich zu vorsichtig sein kann. Es lassen sich Beispiele konstruieren (vgl. [WG84], Kap. 8), in denen Paare von Abhängigkeiten in dieser Relation verzeichnet sind, die sich jedoch nicht gleichzeitig realisieren lassen. In diesem Sinne ist IDS pessimistisch — Einschränkungen, die an diese Relation gestellt werden, gelten dann ganz sicher auch für real existierende Programme.

Wenn garantiert werden kann, daß die Relation IDS azyklisch ist, so wissen wir, daß kein Attribut von sich selbst abhängen kann. Wir nehmen für das Folgende an, daß diese Relation in der Tat azyklisch ist. Damit läßt sich IDS durch einen gerichteten azyklischen Graphen darstellen, der topologisch sortiert werden könnte, um eine geeignete Auswertungsreihenfolge herzustellen. Es stellt sich jedoch heraus, daß die Idee der topologischen Sortierung dieses Graphen noch nicht hinreicht, um eine geeignete Auswertungsreihenfolge herzustellen.

Wenn wir uns in einem Knoten X_0 des Syntaxbaums befinden, an dem die Produktion $p : X_0 \to X_1 \dots X_m$ angewendet wurde, so nehmen wir an, daß uns zur Auswertung der Attribute in X_0 die folgenden Operationen zur Verfügung stehen:

- Auswertung von Attributierungsregeln in $R(p)$,
- Übergang zu einem der Söhne X_i (und Auswertung der dortigen Attribute),
- Übergang zum Vater des Knotens X_0 (und Auswertung der dortigen Attribute).

Die Auswertung der Attribute beginnt an der Wurzel des Syntaxbaums. Dieser Knoten kann nun keine geerbten Attribute haben, sondern verfügt nur über synthetisierte Attribute, daher müssen zunächst die Attribute für seine Söhne ausgewertet werden. Liegt allgemeiner die folgende Situation vor:

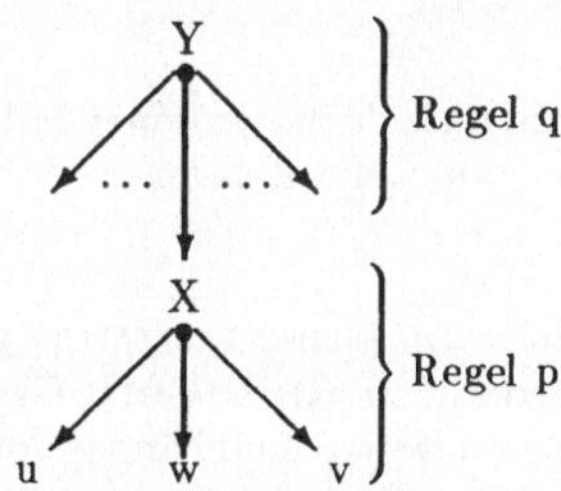

und haben wir für jede Regel einen Algorithmus zur Auswertung der entsprechenden Attribute, so wertet der Algorithmus für die Regel q zunächst einige geerbte Attribute für X aus, danach geht die Kontrolle zum Knoten X über und der Algorithmus für p wertet einige synthetisierte Attribute für X aus, führt einige Zwischenschritte aus, die Attribute in Unterbäumen auswerten, und geht dann wieder über zu Y, wo u.a. weitere geerbte Attribute für X ausgewertet werden. Dies wiederholt sich so lange, bis alle geerbten und synthetisierten Attribute für X ausgewertet worden sind.

Zurück zu den definierten Relationen in der attributierten Grammatik. Für das Grammatik-Symbol X definieren wir $A_S(X)$ als die Menge der synthetisierten und $A_I(X)$ als die Menge der geerbten Attribute für X. Wir definieren nun alternierende Mengen von synthetisierten und geerbten Attributen folgendermaßen:

$$A_1(X) := \{X.a \in A_S(X) : \text{ es gibt kein } X.b \text{ mit } (X.a, X.b) \in IDS^+\}$$

Weiter ist ein Attribut $X.a \in A_I(X)$ in der Menge $A_{2n}(X)$ genau dann, wenn die beiden folgenden Bedingungen erfüllt sind:

- $X.a \notin \bigcup_{k=0}^{2n-1} A_k(X)$
- falls ein Attribut $X.b$ gefunden werden kann, für das $(X.a, X.b) \in IDS^+$, so muß $X.b \in A_m(X)$ für ein $m \leq 2n$ gelten

Analog wird für ungeraden Index $2n+1$ ein synthetisiertes Attribut $X.a$ zur Menge $A_{2n+1}(X)$ gerechnet, falls es nicht zu $\bigcup_{k=1}^{2n} A_k(X)$ gehört und falls die folgende Implikation gilt: Ist $(X.a, X.b) \in IDS^+$ für ein $X.b \in A(X)$, so muß für ein $m \leq 2n+1$ das Attribut $X.b \in A_m(X)$ gelten. Diese zwischen geerbten und synthetisierten Attributen alternierenden Mengen werden so lange definiert, bis die ganze Menge $A(X)$ durch die Mengen $A_k(X)$ überdeckt ist.

Es sei m_X die Anzahl dieser Mengen, dann gilt: $\{A_k(X) : 1 \leq k \leq m_X\}$ ist eine disjunkte Familie von Mengen, die $A(X)$ vollständig überdeckt. Damit ist eine feinere Beschreibung der

Abhängigkeiten für Symbole bzw. Produktionen möglich: Sei X ein Symbol der Grammatik, p eine Produktion, so setzt man

$$DS(X) := IDS(X) \cup \{(X.a, X.b) : X.a \in A_k(X), X.b \in A_{k-1}(X) \text{ für ein } k, 2 \leq k \leq m_X\}$$

und

$$EDP(p) := DP(p) \cup \{(X.a, X.b) \in DS(X) : X \text{ kommt in } p \text{ vor}\}.$$

Die Relation $EDP := \bigcup_{p \in R} EDP(p)$ ist eine erweiterte Abhängigkeitsrelation über den Vorkommen von Attributen und stellt eine Vervollständigung von IDP dar.

Definition: Die attributierte Grammatik heißt *geordnet* (oder OAG, *Ordered Attribute Grammar*) genau dann, wenn die Relationen IDS und EDP azyklische Relationen sind.

Mit Hilfe dieser Relationen lassen sich nun Auswertungsstrategien angeben. Die Auswertungsstrategie kann bei vorliegender geordneter attributierter Grammatik zur Konstruktionszeit des Compilers entworfen werden — dies ist unabhängig von dem Wort, das analysiert werden soll. Auch hier verfolgen wir eine analoge Strategie zum Vorgehen bei der Syntax-Analyse. Dort haben wir skizziert, wie man aus einer kontextfreien Grammatik automatisch einen Parser (oder zumindest dessen Herzstück) gewinnen kann.

Zunächst sei eine Produktion $p : X_0 \to X_1 \ldots X_n$ fixiert. Wir haben gerade festgestellt, daß wir die einzelnen Knoten möglicherweise mehrfach besuchen müssen. Dazu bezeichne $v_{k,0}$ den k^{ten} Besuch von X_0 ausgehend von einem der Söhne X_i, und $v_{k,i}$ bezeichne für $i \geq 0$ den k^{ten} Besuch von X_i ausgehend von X_0. Zur Abkürzung bezeichnen wir mit $V(p)$ die Menge $\{v_{k,i} : 0 \leq i \leq n, 1 \leq k \leq m_{X_0}\}$ all dieser Besuche. Wir definieren zunächst eine partielle Abbildung μ, die auf den Attributen definiert ist und entweder Attribute oder $v's$ als Werte hat. Falls $\mu(\bullet)$ ein Attribut ist, so wird dieses Attribut ausgewertet. Ist dagegen $\mu(\bullet)$ ein $v_{*,*}$, so wird der entsprechende Besuch gemacht. Formaler:

$$\mu(X_i.a) := \begin{cases} X_i.a, & \text{falls es eine Attributierungs-} \\ & \text{regel in der Form} \\ & X_i.a \leftarrow f(\ldots) \text{ in } R(p) \text{ gibt} \\ v_{k,i}, & \text{falls } X_i.a \in A_m(X),\ X_i.a \text{ in} \\ & \text{einem } f(\ldots) \text{ einer Attributierungs-} \\ & \text{regel vorkommt, und } k \geq 0, \text{ wo} \\ & k := (f_{X_i} - m + 1)\ div\ 2. \\ \text{undefiniert}, & \text{falls } k \text{ unter den obigen} \\ & \text{Bedingungen null ist.} \end{cases}$$

(hier ist $f_X :=$ **if** odd(m_X) **then** m_X **else** $m_X + 1$)

Die Reihenfolge der Besuche kann nun mittels μ durch die Relation EDP bestimmt werden; sie wird durch die Besuchsrelation $VS(p)$ bestimmt, die definiert ist durch:

$$VS(p) := \{(\mu(X_i.a), \mu(X_j.b)) : (X_i.a, X_j.b) \in EDP(p)\} \cup \{\text{beliebige Kanten, so daß } VS(p) \text{ total geordnet ist und } v_{m_{X_0},0} \text{ das größte Element ist}\}$$

Der Zusatz ist nötig, weil der "obere" Teil der Relation nicht notwendig zusammenhängend ist. Damit ist eine totale Ordnung definiert, mit deren Hilfe die Attributauswertung stattfinden kann. Die Auswertung der Kontextbedingungen kann in diese Relation $VS(p)$ eingefügt werden. Dies kann an einer beliebigen Stelle nach Auswertung derjenigen Attribute geschehen, von denen die Bedingung jeweils abhängt.

Wir haben nun in einigem technischen Detail Ansätze zu Auswertungsstrategien für eine Klasse von attributierten Grammatiken diskutiert. Es sollte angemerkt werden, daß die Klasse der geordneten attributierten Grammatiken nicht die einzige ist, die im Hinblick auf Auswertbarkeit analysiert wurde. Einen Überblick über bekannte Auswertungsstrategien gibt der Aufsatz [Eng84] von Engelfriet. Wir haben uns auf die geordneten attributierten Grammatiken konzentriert, weil diese Klasse von praktischem Nutzen ist: z.B. arbeitet der in [KHZ82,Kas84] beschriebene Compiler-Generator GAG mit diesen Grammatiken. GAG berechnet aufgrund der vorgegebenen Attribute die Auswertungsstrategien.

Literaturhinweise: Attributierte Grammatiken werden in [WG84], Kap. 8 diskutiert, in geringerem Umfang in [Zim82], 4.3 und [ASU86], Kap. 5. Der Sammelband [Lor84] gibt einen Überblick über mathematische Aspekte und Anwendungsmöglichkeiten.

2.6 Laufzeit-Umgebungen

Um den sematisch korrekten Ablauf eines Programms zu ermöglichen, müssen gewisse Vorkehrungen getroffen werden. Wir skizzieren diese Vorkehrungen in diesem Kapitel. Dabei gehen wir zunächst von den Tabellen aus, die im Compiler gehalten werden müssen, schildern dann die Probleme, die sich durch die Bindung von Namen an Werte ergeben, diskutieren kurz die Möglichkeiten der Parameter-Übergabe und erinnern dann an *activation records*. Überlegungen zur dynamischen Allokation von Speicher schließen diesen Überblick über Laufzeit-Umgebungen ab.

2.6.1 Tafeln

Einige Informationen, die der Compiler aus dem Quelltext erhält oder die er selbst während der Bearbeitung des Programms gewinnt, sollten zentral in Tabellen gehalten werden. Dies ist nötig, um zu verhindern, daß die gleiche Information an mehreren Stellen abgespeichert oder abgeleitet wird, also um Zeit oder Platz zu sparen. Die wichtigsten unter diesen Tafeln sind die Konstanten-Tabelle und die Symbol-Tabelle, andere Tafeln etwa zur Verwaltung von Zeichenketten oder eine Code-Tafel, die bei manchen interpretierten Sprachen von Interesse ist, können hinzukommen. Es ist sinnvoll, sie zunächst als abstrakte Datentypen zu betrachten und die darauf definierten Operationen zu definieren, bevor die Implementation dieses Datentyps durch konkrete Datenstrukturen diskutiert wird. Im Falle der Konstanten- und Symbol-Tabellen sind die folgenden Operationen erforderlich:

- Initialisieren einer leeren Tafel.

- Einfügen eines nicht vorhandenen Elements; zurückgegeben wird ein Verweis auf die Position des Elements. Gelegentlich kann es sinnvoll sein, bei Einfüge-Operationen die Reihenfolge, in der eingefügt wird, in der Tabelle reflektiert zu sehen.

- Suchen eines Elements, hierbei wird ein Verweis auf das Element zurückgegeben, falls es gefunden wurde, oder eine vereinbarte Konstante wie z.B. **false**, falls es nicht gefunden werden konnte.
- Entfernen eines in der Tafel vorhandenen Elements.

Die Konstanten-Tabelle. Diese Tafel dient dazu, Konstanten während des Übersetzungsprozesses aufzubewahren und ggf. zu manipulieren. Ihre Form hängt wesentlich von den zur Verfügung stehenden sprachlichen Möglichkeiten der Implementierungssprache ab. So erscheint es sinnvoll, daß bei normaler arithmetischer Genauigkeit der Implementierungssprache und erhöhter arithmetischer Genauigkeit der zu übersetzenden Sprache reelle Zahlen zunächst nur als Zeichenketten abgespeichert werden. Die Notwendigkeit einer separaten Konstanten-Tabelle kann sich überhaupt erst durch Unverträglichkeiten zwischen Quelle und Ziel ergeben: man denke an den Fall, daß der Zahlenbereich oder die arithmetische Genauigkeit bei reellen Zahlen auf der Maschine, auf der der Compiler entwickelt wird, unterschiedlich ist zu den entsprechenden Werten auf der Zielmaschine. Diesen Gegebenheiten kann man durch getrennte Verarbeitung von Konstanten begegnen.

Da die Notwendigkeit, eine Konstanten-Tabelle zu haben, und ihre Form sehr stark von spezifischen Gegebenheiten abhängen, scheint es nicht sinnvoll zu sein, die Implementierung dieses abstrakten Datentyps im einzelnen allgemein zu diskutieren.

Der String-Speicher. Schränkt die zu übersetzende Sprache die Länge von Bezeichnern nicht von vornherein ein, so muß damit gerechnet werden, daß verschieden lange Bezeichner verwendet werden. Um dies technisch zu handhaben, gibt es zwei Möglichkeiten: man beschränkt die Länge eines Bezeichners durch die Implementation oder man nimmt in Kauf, daß beliebig lange Bezeichner vorkommen. Die erste Möglichkeit schränkt den Benutzer ein und bedeutet in der Regel eine Verschwendung von Speicherplatz, da für jeden Bezeichner der maximal mögliche Speicherplatz vorgehalten werden muß. Er ist jedoch bequemer zu implementieren. Der zweite Weg bedarf besonderer Aufmerksamkeit. Das Problem wird meist so gelöst, daß man eine String-Tabelle verwaltet, also ein sehr langes Feld von Zeichen, und in diesem Feld die einzelnen Bezeichner abspeichert, nachdem man sich ggf. versichert hat, daß der Bezeichner noch nicht vorgekommen ist. Statt der Zeichenkette selbst speichert man nun in anderen Tabellen z.B. den Index des ersten und den des letzten Buchstabens ab. Damit wird zwar der Zugriff auf die einzelnen Bezeichner geringfügig langsamer, man gewinnt jedoch an Flexibilität.

Die Symbol-Tabelle. Die Symbol-Tabelle verwaltet alle Angaben über Symbole, die in einem Programm vorkommen. Dies können von der Sprache vordefinierte Symbole sein (Schlüsselwörter), vom Benutzer definierte Symbole (Bezeichner) oder vom Compiler erzeugte Symbole (temporäre Variable). Ob Schlüsselwörter explizit in der Symbol-Tabelle abgespeichert sind oder ob sie implizit in die Darstellung der syntaktischen Struktur kodiert werden, hängt von der Implementation ab. Im *LA* -Compiler behandeln wir Schlüsselwörter implizit, tragen aber die reservierten Namen für die Standardoperationen in die Symbol-Tabelle ein.

Typischerweise wird für jedes vom Benutzer definierte oder vom Compiler erzeugte Symbol abgespeichert:

- der Name,
- der Typ, sofern bekannt,
- sein Gültigkeitsbereich,
- Informationen darüber, ob es sich um einen konstanten oder um einen variablen Wert handelt,
- Informationen über die Benutzung des Symbols.

Diese Informationen müssen nicht alle unmittelbar zur Verfügung stehen, sondern können auch während der Laufzeit des Compilers abgeleitet worden sein. Auch sollte hier der Eindruck vermieden werden, daß es sich bei einer Symbol-Tabelle lediglich um eine einzige monolithische Tabelle handelt — es ist durchaus möglich, daß eine Symbol-Tabelle aus mehreren Teilen besteht (man denke etwa an die Symbol-Tabellen separat übersetzter Programmteile). Eine wichtige Frage ist die der Darstellung von Symbol-Tabellen durch eine geeignete Datenstruktur. Da es sich im wesentlichen um eine Suchstruktur handelt, kommen die einschlägigen Datenstrukturen in Betracht, z.B. verkettete Listen, binäre Suchbäume, 2 - 3 Bäume oder Hash-Tafeln. Man überzeugt sich leicht, daß lineare Listen keine geeignete Art der Darstellung bilden, es hat sich in der Praxis auch gezeigt, daß baumbasierte Suchverfahren für Symbol-Tabellen nicht recht geeignet sind. Üblicherweise werden daher Hash-Tafeln zur Implementierung dieser Tabellen herangezogen. Da wir eine Hash-Tafel in unserem Compiler implementieren, verweisen wir hier auf die Diskussion in Abschnitt 5.1.

2.6.2 Bindungen

Ein- und derselbe Name kann in einem Programm verschiedene Objekte bezeichnen. Um dies systematisch beschreiben zu können, verwendet man die Begriffe *Umgebung* und *Zustand.* Eine *Umgebung* bildet einen Namen auf eine Speicherzelle, ein *Zustand* eine Speicherzelle auf einen Wert ab (hierbei enthält eine Speicherzelle zunächst einen — beliebig großen — Wert). Um also den zu einem Namen gehörigen Wert zu finden, identifiziere man die Umgebung dieses Namens und berechne den Zustand dieser Umgebung. Zustände können sich bei gleichbleibender Umgebung ändern, indem Speicherzellen neu mit Werten versehen werden.

In *ALGOL* -ähnlichen Sprachen hat man das Problem, daß man für einen in einer Routine auftauchenden Namen die zugehörige Deklaration finden muß. Man sucht also die zu einem Namen gehörige Umgebung und muß Strategien dafür entwickeln, bei mehreren vorhandenen Umgebungen die richtige auszuwählen, um dann die Zustandsabbildung für den zugehörigen Wert anwenden zu können. Bei Sprachen, die geschachtelte Prozeduren zulassen, wird das Problem in der Regel durch die *most closely nested rule* gelöst: ist der Bezeichner nicht in der in Rede stehenden Routine deklariert, so suche man so lange, von innen nach außen gehend, bis man die zugehörige Deklaration entweder gefunden hat oder feststellen muß, daß keine Deklaration vorhanden ist. Man geht hierbei *von innen nach außen*, indem man textuell von einer Prozedur zu der sie umgebenden Prozedur geht. In dieses Modell passen auch solche Sprachen, in denen Blöcke definiert werden können, also solche syntaktischen Konstrukte, die über eigene lokale Variablen verfügen können. Ein Block wird hier einfach als parameterlose Prozedur ohne Rückgabewert betrachtet.

In einer Sprache wie *C* greift dieses Modell nicht: *C* hat zwar die Möglichkeit, Blöcke zu definieren. Dort können aber keine lokalen Prozeduren definiert werden, insbesondere sind die vom Hauptprogramm aus sichtbaren Prozeduren nicht dem Hauptprogramm untergeordnet. Andererseits besteht die Möglichkeit, Namen als sichtbar in einer Datei zu kennzeichnen. Die eben geschilderte Suchstrategie muß dann angepaßt werden: um die Deklaration für einen Namen zu finden, durchsuche man die Blöcke einer Routine nach der *most closely nested rule*, findet man sie dort nicht, so suche man eine außerhalb jeder Routine stehende Deklaration in der Datei, in der das Programm steht. Dies gilt für Unterprogramme und für das Hauptprogramm gleichermaßen.

Diese Überlegungen beziehen sich darauf, die korrekte Umgebung für einen Namen zu finden. Man hat jedoch bei Namen, deren Deklaration nicht im gerade aktiven Block oder der gerade aktiven Routine ist, auch das Problem, den richtigen Zustand zu identifieren. Betrachten wir eine Variable x in der Routine R, die in einer der R umgebenden Routinen eine Deklaration besitzt. Die aus *Pascal* oder *C* gewohnte *lexikalische Bindung* bestimmt nicht nur die Umgebung, sondern auch den Zustand nach der *most closely nested rule*. Sucht man also den Wert von x bei einem Aufruf von R, so suche man die entsprechende Zuweisung an x wieder von innen nach außen. Gelegentlich findet man in Sprachen wie etwa *LISP* die *dynamische Bindung* als Variante des lexikalischen Vorgehens. Unter dieser Bindungsregel würde für x ein von einem anderen Prozedur-Aufruf übriggebliebener Wert genommen werden; die strikte Hierarchie, die durch die lexikalische Bindung gegeben ist, wird hierbei außer Acht gelassen.

Das Problem der lexikalischen bzw. dynamischen Bindung tritt insbesondere dort auf, wo Prozeduren als Parameter verwendet werden können. Unter der lexikalischen Bindungsregel wird bei der Aktivierung einer Prozedur f, die als Parameter übergeben wurde, für den Wert einer freien Variablen der Wert im statischen Vorgänger von f genommen. Unter der dynamischen Bindungsregel wird in der gleichen Situation für freie Variablen ein Wert im dynamischen Vorgänger genommen, also in der Routine, in der f aktiviert wird.

Um das — gelegentlich verwirrende — Verhalten von Prozedur-Parametern zu verdeutlichen, bedient man sich des *Konturenmodells*. Dieses Modell bringt die statischen und die dynamischen Aspekte eines Programms zum Ausdruck. Eine Kontur entspricht einer Routine oder einem Block und enthält die dort definierten Objekte. Darüber hinaus werden zwei Zeiger benötigt, der *Instruktionszeiger* zeigt auf die gegenwärtig abgearbeitete Anweisung, der *Umgebungszeiger* verweist auf die gerade gültige lokale Kontur. Man merkt sich mit jeder Kontur den statischen und den dynamischen Vorgänger. Der *statische Vorgänger* für eine Kontur U ist die Kontur V, auf die der Umgebungszeiger zeigte, als die zu U gehörige Routine definiert wurde, der *dynamische Vorgänger* W ist diejenige Kontur, auf die der Umgebungszeiger zeigte, als die zu U gehörige Routine aufgerufen wurde.

Konturen werden durch Stacks verwaltet: wird eine Routine aufgerufen, so wird eine Kontur auf den Stack gelegt, und der Umgebungszeiger verweist auf diese neue Kontur. Graphisch wird dies dadurch dargestellt, daß in die gegenwärtig aktive Kontur die neue Kontur eingezeichnet wird. Wird eine Routine verlassen, so kehrt man diesen Prozeß um, indem man die Kontur vom Stack entfernt und den Umgebungszeiger auf die unmittelbar umgebende Kontur setzt. Das Abarbeiten einer Routine wird in der Kontur dadurch dargestellt, daß der Instruktionszeiger die Anweisungen der entsprechenden Routine Schritt für Schritt abarbeitet und die entsprechenden Werte protokolliert werden.

2.6.3 Übergabe von Parametern

Der *l-Wert* eines Namens ist seine Adresse, also die Speicherzelle, in der er gespeichert ist. Der *r-Wert* eines Namens ist der Wert, der mit dem Namen verbunden ist. In der Terminologie von Umgebungen und Zuständen weist die Umgebung eines Namens einen l-Wert zu, während der Zustand diesem l-Wert einen r-Wert zuordnet.

Mit Hilfe von l- und r-Werten lassen sich einige Arten der Parameter-Übergabe erläutern. Bei *call by value* wird der r-Wert des aktuellen Parameters übergeben, der l-Wert des Parameters ist der aufgerufenen Prozedur nicht bekannt. Dies bedeutet bekanntlich, daß bei einem durch *call by value* übergebenen Parameter Änderungen des Parameter-Wertes im Text der Prozedur nicht an die aufrufende Prozedur zurückgegeben werden. Wird ein Parameter im Gegensatz dazu durch *call by reference* übergeben, so wird die Adresse des aktuellen Parameters beim Aufruf der Prozedur übergeben, also der l-Wert des Parameters. Dies bedeutet bekanntlich, daß Änderungen eines Referenz-Parameters im Text einer Prozedur an die aufrufende Prozedur zurückgegeben werden.

Eine Zwischenstellung zwischen *call by value* und *call by reference* nimmt *call by value/result* ein. Hier wird wie folgt vorgegangen:

- Die r-Werte der aktuellen Parameter werden wie bei *call by value* an die aufgerufene Prozedur übergeben, zusätzlich jedoch merkt man sich die l-Werte derjenigen aktuellen Parameter, die solche Werte haben.
- Beendet die Prozedur ihre Arbeit, so werden die gerade gültigen r-Werte der formalen Parameter in die l-Werte der aktuellen Parameter kopiert.

Eine kaum noch verwendete Methode der Parameter-Übergabe ist *call by name*, die wir der Vollständigkeit halber ansprechen. Hier wird der Text der Prozedur wie ein Makro-Aufruf an die Stelle des Prozedur-Aufrufs kopiert, wobei die formalen Parameter durch die aktuellen Parameter ersetzt werden; Namens-Konflikte werden durch geeignete systematische Umbenennungen vermieden. Man beachte, daß bei dieser Art der Parameter-Übergabe die Parameter nicht ausgewertet werden. Ein berühmtes Beispiel für die überraschenden Eigenschaften von *call by name* ist *Jensen's device* (vgl. [LM81], Kap. 7:

```
PROCEDURE Summe (unter, ober, Incr: VALUE; Term, Ausdruck: NAME);
LOCAL total := 0;
BEGIN
  Term := unter;
  WHILE (Term ≤ oben) DO
    total + := Ausdruck;
    Term + := Incr;
  END WHILE;
  RETURN total;
END Summe;
```

Mit VALUE deklarierte Parameter werden durch *call by value*, mit NAME deklarierte durch *call by name* übergeben. Der Aufruf

Summe (1, 17, 1, i, a[i])

berechnet

$$\sum_{i=1}^{17} a[i],$$

der Aufruf

*Summe (329, 413, 3, j, a[j] * b[j])*

berechnet

$$a[329] * b[329] + a[332] * b[332] + \ldots + a[413] * b[413]$$

2.6.4 Activation records

Das Konturmodell bildet auf der Ebene der Programmiersprache nach, was zur Laufzeit im Hinblick auf die Übergabe von Parametern die Werte lokaler Variablen und die Sichtbarkeit von Namen betrifft. Ihr Gegenstück zur Laufzeit ist der *activation record*, der diese Angaben und einige andere maschinen-spezifische Informationen speichert. Eine Kontur bildet das dynamische Verhalten von Funktionen oder Prozeduren nach, *activation records* helfen, dieses dynamische Verhalten zu implementieren.

Wird eine Prozedur aufgerufen, so wird der zu diesem Aufruf gehörende *activation record* auf den Laufzeit-Stack gelegt. Der *activation record* muß mindestens die folgenden Informationen enthalten:

- Angaben über lokale Daten,
- Angaben über lokale und temporäre Werte, etwa solche, die zur Auswertung von Ausdrücken notwendig sind,
- Angaben über den Zustand der Maschine unmittelbar vor dem Aufruf, soweit sie für die erfolgreiche Rückkehr erforderlich sind: hierzu gehört der Stand des Programmzählers und ggf. die Register-Inhalte für solche Register, deren Werte wiederhergestellt werden müssen,
- ein Verweis auf den statischen Vorgänger der aufgerufenen Prozedur, um Angaben über nicht-lokale Variablen finden zu können,
- ein Verweis auf den dynamischen Vorgänger der aufgerufenen Prozedur, also der Prozedur, von der aus aufgerufen wurde,
- Angaben über die Werte aktueller Parameter beim Aufruf,
- bei Funktionen Angaben über den Speicherplatz für den Rückgabewert.

Die Allokation von Speicherplatz für lokale Variablen muß ein wenig differenzierter betrachtet werden. Wir müssen die beiden Fälle unterscheiden, daß zur Zeit des Aufrufs die Größe der lokalen Variablen bekannt ist oder daß die lokalen Variablen in ihrer Größe noch nicht abgeschätzt werden können. Der erste Fall trifft auf einfache Variablen wie etwa ganzzahlige oder reelle Objekte zu, der zweite Fall auf solche Werte, die erst zur Laufzeit erzeugt werden, wie etwa die Knoten eines Baumes oder die Elemente einer verketteten Liste. Während die Größe und die Anzahl der einfachen Objekte bereits zur Übersetzungszeit bekannt sein können, gibt es Werte, deren Größe erst zur Laufzeit bekannt ist: man denke an dynamische Felder, deren Grenzen nicht statisch bestimmbar sind. Der *activation record* muß Informationen über alle drei Arten von Werten enthalten.

Im ersten Fall, in dem alle Angaben bereits zur Übersetzungszeit vorliegen, ist die Situation einfach: hier kann bereits statisch Speicherplatz im *activation record* selbst allokiert werden. Der zweite Fall dynamischer Felder ist ein wenig komplizierter. Hierzu unterscheiden wir zwischen *statischem* und *dynamischem* Teil des *activation record*. Der statische Teil des *record* kann in seiner Größe und seiner Auslegung bereits zur Übersetzungszeit berechnet werden, der dynamische Teil nicht. Bei dynamischen Feldern legt man einen *Feld-Deskriptor* im statischen Teil an, der Informationen über die Stelligkeit des Feldes und über den Grundtyp des Feldes — soweit verfügbar — enthält. Zur Laufzeit werden dann die Feldelemente selbst im dynamischen Teil des *record* abgespeichert, und der Feld-Deskripttor erhält einen Verweis auf diesen Speicherbereich. Wenn also die Prozedur aufgerufen wird, so stehen die entsprechenden Informationen zur Verfügung, sie können den statisch berechneten Informationen des *activation record* hinzugefügt werden. Die Größe des *activation record*, die sich aus der Größe des statischen und des dynamischen Teils ergibt, steht dann fest, so daß der *record* in seiner Gänze allokiert und auf den Stack gelegt werden kann. Mit Strategien zur Allokation der dritten Art von Daten, nämlich der zur Laufzeit allokierten, befassen wir uns weiter unten.

Wir wollen kurz diskutieren, was geschieht, wenn eine Prozedur aufgerufen wird:

- Die aufrufende Prozedur wertet die aktuellen Parameter aus.
- Die aufrufende Prozedur speichert Informationen über den Maschinenstatus und die Rückkehr-Adresse im *activation record* der aufgerufenen Prozedur; sie berechnet gleichzeitig die Größe für den *activation record* der gerufenen Routine.
- Die aufrufende Prozedur versorgt den *activation record* der aufgerufenen Routine mit Informationen über den statischen und den dynamischen Vorgänger.
- Die aufgerufene Prozedur initialisiert ihre eigenen lokalen Daten und beginnt mit der Ausführung.

Bei der Rückkehr von der Ausführung der Prozedur werden diese Vorgänge im wesentlichen invertiert:

- Die aufgerufene Prozedur schreibt ihren Rückgabewert in das dafür vorgesehene Feld.
- Die Informationen über Register und Programmzähler werden entsprechend kopiert, und die Ablauf-Kontrolle läßt die aufrufende Prozedur die Ausführung wieder übernehmen.
- Die aufrufende Prozedur kopiert einen evtl. vorhandenen Rückgabewert in ihren eigenen *activation record*.

Ähnlich wie wir beim Konturmodell gesehen haben, daß beim Auftreten einer nicht-lokalen Variablen von innen nach außen gesucht wird, läßt sich das Auftreten einer nicht-lokalen Variablen im *activation record* durch eine Suche realisieren. Hierbei werden die auf dem Stack liegenden *activation records* von oben nach unten durchsucht. Beginnend mit der gegenwärtig aktiven Prozedur folgt man den Zeigern, die den statischen Vorgänger angeben, um auf diese Weise die Suche von innen nach außen zu simulieren, da ja der statische Vorgänger der umgebenden Kontur entspricht. Zur Übersetzungszeit kann bereits festgestellt werden, wie vielen solcher statischen Verknüpfungen gefolgt werden muß. Eine Alternative hierzu besteht darin, daß man sich für die gerade aktive Prozedur merkt, welche Prozeduren statische Vorgänger sind. Man hält also Verweise auf die statischen Vorgänger in einem Feld, das sich dynamisch entsprechend den jeweils aktivierten Prozeduren ändert. Dieses Feld wird *Display* genannt. Folgt man den dort abgespeicherten Zeigern, so ist es recht einfach, die Kette der statischen Vorgänger einer Prozedur von innen nach außen zu durchlaufen.

Diese Überlegungen werden ein wenig dadurch kompliziert, daß Prozeduren als Parameter auftreten können. Ein Problem ergibt sich dann, wenn der statische Vorgänger nicht auch in der Kette der dynamischen Vorgänger erscheint, wenn also eine Prozedur aktiviert wird, ohne daß der statische Vorgänger ebenfalls aktiv ist. Es wird dadurch gelöst, daß bei der Aktivierung eines solchen Parameters nicht nur der *activation record* der Prozedur, sondern auch zusätzlich der des dynamischen Vorgängers mit auf den Stack gelegt werden, so daß alle nötigen Informationen zur Verfügung stehen; das Paar, bestehend aus der Funktion und den Angaben über den statischen Vorgänger, wird üblicherweise *Abschluß* (*closure*) genannt.

2.6.5 Speicherallokation

Wir haben gerade gesehen, daß Speicher dynamisch verwaltet werden muß, wobei ein Teil des verfügbaren Speichers wie der abstrakte Datentyp `stack` verwaltet wird; für diesen sind bekanntlich die folgenden Operationen verfügbar:

- Initialisieren eines leeren Stack,
- Einfügen eines Elements,
- Entfernen des zuletzt eingefügten Elements,
- Testen, ob der Stack voll ist; dann kann kein neues Element eingefügt werden,
- Testen, ob der Stack leer ist; dann kann kein Element mehr entfernt werden.

Das Verhalten dieses abstrakten Datentyps entspricht der Aufruf-Hierarchie in den üblichen Sprachen. Der Laufzeit-Stack wird im wesentlichen über einem Zeiger *TopSt* verwaltet. Der Stack und der gleich zu besprechende Heap werden in einem gemeinsamen zusammenhängenden Speicherbereich des Rechners realisiert. Der Operation der Initialisierung des abstrakten Datentyps entspricht das Setzen von *TopSt* auf die Anfangsadresse des Speicherbereichs, dem Einfügen eines Elementes auf den Stack entspricht das Erhöhen des Zeigers *TopSt* um den Betrag, der der Größe des zu allokierenden *activation record* entspricht, analog entspricht das Entfernen eines *activation record* dem Vermindern des Zeigers um dessen Länge. Man überprüft, ob der Stack leer ist, indem man *TopSt* mit der Anfangsadresse vergleicht, die Überprüfung, ob der Stack voll ist, hängt dagegen auch vom Verhalten des Heap ab.

Der *Heap* wird im gleichen Speicherbereich wie der Stack allokiert, jedoch am anderen Ende, und zwar so, daß Heap und Stack aufeinander zu wachsen. Die Überprüfung, ob der Stack voll ist, besteht im wesentlichen darin, nachzusehen, ob der zu allokierende *activation record* noch in die Lücke zwischen Stack und Heap paßt. In analoger Weise muß, wenn Speicherplatz auf dem Heap zu allokieren ist, nachgesehen werden, ob die Lücke zwischen Stack und Heap groß genug ist, um diesen Speicherplatz freigeben zu können. Beide Operationen können nicht gleichzeitig geschehen: von seiten des Stack wird überprüft, wenn eine neue Prozedur aktiviert wird, von seiten des Heap, wenn neuer dynamisch allokierter Speicherplatz zur Verfügung gestellt werden muß. In der Regel betrifft dies den Speicherplatz für rekursive Datenstrukturen wie etwa verkettete Listen oder Bäume. Gelegentlich kommt es vor, daß auch der dynamische Teil des *activation record* auf dem Stack allokiert wird.

Die Lebensdauer von Objekten auf dem Heap und auf dem Stack ist durchaus verschieden: ein Wert lebt auf dem Stack so lange, wie der zugehörige *activation record* noch auf dem Stack liegt, ein Wert auf dem Heap kann entweder explizit deallokiert werden (etwa in *Pascal* durch die Standard-Funktion **dispose**), oder es kann sich herausstellen, daß die entsprechende Zeiger-Variable nicht mehr lebt, so daß der Speicherplatz nicht mehr vom Programm aus erreichbar ist. In jedem Fall kann sich die Notwendigkeit ergeben, daß eine Speicherbereinigung (*garbage collection*) vorgenommen werden muß.

Nehmen wir an, daß der Speicher im Heap in Blöcke aufgeteilt ist; Blöcke sollen zusammengehörige Informationen darstellen. Abgesehen von Informationen zur Verwaltung dieser Blöcke besteht eine Speicherzelle eines Blocks entweder aus einem Datum oder aus einem Verweis auf einen anderen Block. Wir wollen sagen, daß ein Block *lebt*, wenn er entweder vom Stack aus durch einen Zeiger erreichbar ist oder wenn ein lebender Block seine Start-Adresse enthält — andernfalls ist der Block *tot*. Das Vorgehen bei der Speicherbereinigung besteht nun darin,

- alle lebenden Blöcke zu finden (Markierungsphase),
- die lebenden Blöcke so zusammenzuschieben, daß sie zusammenhängenden Speicherplatz belegen, der bei der Anfangsadresse des Heap beginnt (Kompressionsphase),
- die Adressen in den Blöcken so zu modifizieren, daß sie die Start-Adressen der bewegten Blöcke richtig wiedergeben (Justierungsphase).

Dieses Problem ist in vielen Sprachen bekannt, es sind einige grundsätzliche Lösungen hierzu entwickelt worden, die in der Regel in Vorlesungen über Datenstrukturen diskutiert werden.

Literaturhinweise. Laufzeit-Umgebungen werden in [AU77] und [ASU86] ausführlich besprochen, das Konturen-Modell findet der Leser u.a. bei [WG84]. Mechanismen zur Übergabe von Parametern in Programmiersprachen gehören zur Folklore auf dem Gebiet. Strategien zur Speicherbereinigung werden bei [Knu73] und bei [DF77] diskutiert und analysiert; in [DF89] wird ein auf Dewar, Sharir und Weixelbaum zurückgehender Algorithmus angegeben und transformiert.

Kapitel 3

Sprachbeschreibung

3.1 Einführende Anmerkungen

Die Sprache *LA* (Lineare Algebra) soll dem speziellen Zweck dienen, reelle Vektoren und Matrizen zu manipulieren[1]. Dies soll im wesentlichen dadurch geschehen, daß die wichtigen Eigenschaften des Vektorraums der Matrizen über den reellen Zahlen als vordefinierte Operationen in diese Sprache eingebracht werden. Es müssen also im Compiler die üblichen Operationen auf Matrizen und Vektoren implementiert werden. Dazu gehören insbesondere:

- Multiplikation einer Matrix mit einer reellen Zahl, Addition zweier Matrizen mit den gleichen Dimensionen
- Multiplikation zweier Matrizen (diese Produkte können wegen der Freiheitsgrade, die in der Anzahl der Zeilen und Spalten der Matrizen liegen, beliebige Formen annehmen; hierzu gehören insbesondere neben dem normalen Produkt einer $n \times k$-Matrix und einer $k \times m$-Matrix auch als Spezialfall das innere Produkt zweier Vektoren und die Produkte von Matrizen und Vektoren)
- Berechnung des Rangs einer Matrix (also die maximale Anzahl linear unabhängiger Zeilen bzw. Spalten einer Matrix)
- Berechnung der Eigenwerte einer quadratischen Matrix
- Bestimmung von Determinante und Permanente einer quadratischen Matrix
- Lösen linearer Gleichungssysteme (da die Lösung linearer Gleichungen in der Regel nicht eindeutig bestimmt ist, muß hier nach Wegen gesucht werden, die Lösungsmannigfaltigkeit eindeutig zu bestimmen; dies kann etwa durch Angabe einer Basis des Lösungsraums geschehen)
- Invertieren einer regulären, quadratischen, Transponieren einer beliebigen Matrix

[1] Anhang B erinnert an einige Begriffe aus der linearen Algebra

- Berechnung spezieller Funktionen wie etwa $exp(x)$ für die quadratische Matrix x (die Exponentialfunktion wird über ihre Taylorsche Reihe definiert, wobei die übliche skalare Variable und ihre Produkte durch das Matrix-Argument und seine Potenzen ersetzt werden)

- Bildung von Ausschnitten aus Matrizen und Vektoren als Verallgemeinerung der Indizierung von Feldern

Im folgenden wird die Sprache im Hinblick auf die lexikalische, syntaktische und semantische Struktur näher beschrieben.

3.2 Lexikalische Struktur

1. *Kommentare* werden durch `--` eingeleitet und erstrecken sich bis zum Ende der Zeile. Ein Kommentar kann nach jedem Token beginnen

2. *Token* können voneinander durch Zwischenräume, Tabulatoren und neue Zeilen getrennt werden

3. *Bezeichner* sind beschrieben durch die Grammatik

$$\begin{array}{rcl} bezeichner & \rightarrow & letter(letter|digit)^+ \\ letter & \rightarrow & `a`|`b`|\ldots|`z`|`A`|\ldots|`Z` \\ digit & \rightarrow & `0`|`1`|\ldots|`9` \end{array}$$

   Die Unterscheidung zwischen Groß- und Kleinbuchstaben ist signifikant

4. *Numerische Konstanten* sind gegeben durch

$$\begin{array}{rcl} num & \rightarrow & digit^+|digit^+`.`digit^+ \\ sign & \rightarrow & `+`|`-`|\epsilon \\ num_const & \rightarrow & sign num \end{array}$$

5. *String-Konstanten* sind durch "..." gegeben, eingebettete " sind nicht zugelassen

6. *Schlüsselwörter* und Bezeichner für Standardfunktionen (vgl. 3.8) sind reserviert

7. *Relationale Operatoren* sind $=, <>, <, <=, >=, >$

8. *Additive Operatoren* sind $+$, $-$, **or**

9. *Multiplikative Operatoren* sind $*$, $**$, $/$, **and**

10. *Der Zuweisungsoperator* ist `:=`

3.3 Datentypen

Jedes Objekt hat genau einen Typ, der durch Deklaration festgelegt wird. Diese Deklaration kann eine Variablen- oder eine Konstantendeklaration sein, siehe 3.4. Typen können sein:

1. primitive Typen: ganze Zahlen (**integer**), reelle Zahlen (**real**), Boolesche Werte (**boolean**)

2. zusammengesetzte Objekte: als einziges sind hier Matrizen reeller Zahlen zu nennen (**mat**[k,n] bezeichnet eine solche Matrix mit k Zeilen und n Spalten — eine $k \times n$-Matrix). Der Typ zweier Matrizen stimmt genau dann überein, wenn beide Matrizen in ihrer Dimension übereinstimmen

Ganze Zahlen werden automatisch zu reellen Zahlen konvertiert, reelle Zahlen zu 1×1-Matrizen, wenn es der Kontext erfordert. Explizite Konversionen sind in *LA* nicht vorgesehen.

3.4 Deklarationen

Deklarationen können Konstanten oder Variablen vereinbaren, darüber hinaus Prozeduren und Funktionen. Hier soll auf die Deklarationen von Konstanten und Variablen eingegangen werden, Vereinbarungen von Routinen werden im Abschnitt 3.7 behandelt.

3.4.1 Konstanten

In *LA* können Konstanten nur primitive Werte annehmen oder String-Konstanten sein. String-Konstanten können lediglich als Argumente zur Standardprozedur **put** benutzt werden. Die Deklaration einer Konstanten beginnt mit dem Schlüsselwort **const**, danach folgt eine Liste von Konstantenzuweisungen der Form

const_name = const_val

wobei die einzelnen Listenelemente durch Kommata voneinander getrennt sind. Die Konstantenvereinbarung selbst wird durch ein Semikolon abgeschlossen. Der Name *const_name* der Konstanten muß ein Bezeichner sein, der Wert *const_val* muß entweder der Name einer bereits definierten Konstanten, der Name **true** bzw. **false** der Booleschen Konstanten, oder eine numerische Konstante gemäß 3.2 sein.

3.4.2 Variablen

Variablen können Werte primitiver oder zusammengesetzter Datentypen annehmen (nicht jedoch Zeichenketten oder Namen von Routinen). Wird eine Matrix deklariert, so müssen ihre Dimensionen *dynamisch* bekannt sein. Eine Variablen-Deklaration wird durch das Schlüsselwort **var** eingeleitet, dann folgt eine Liste von Einzeldeklarationen, die durch Kommata voneinander getrennt sind. Sie wird durch ein Semikolon abgeschlossen. Die Deklaration von Variablen, deren Typ ein primitiver Datentyp ist, geschieht durch Angabe des Typnamens; Matrizen haben reelle Komponenten und werden mit Angabe der Zeilen- und Spaltendimensionen vereinbart.

Beispiel: Die Variablen-Deklaration

```
var x: integer;
    y: mat[17,k*7 + 11];
    s: mat[n,1];
```

vereinbart die ganzzahlige Variable x, die $17 \times (k * 7 + 11)$-Matrix y und schließlich die $n \times 1$-Matrix s (s ist also ein Spaltenvektor). k und n müssen bekannt sein (also als ganzzahlig deklariert sein und Werte haben), wenn diese Deklaration angetroffen wird.

Die Dimensionen der Matrizen können Werte von Ausdrücken sein, sofern sie positiv und ganzzahlig sind. Jeder Bezeichner muß deklariert sein, mehrfache Deklarationen des gleichen Namens führen zu Fehlermeldungen und zum Abbruch des Programms. Bevor ein Bezeichner benutzt wird, muß er deklariert sein. Da Schlüsselwörter reserviert sind, dürfen sie nicht als Bezeichner für andere Objekte verwendet werden.

3.5 Ausdrücke

Variablen sind entweder mittels **var** deklarierte Bezeichner oder aus Matrizen durch Selektionen hervorgegangene Objekte. Matrix-Selektionen ergeben sich wie folgt (x sei als Matrix vereinbart):

- Selektion einer Komponente: `x[i,j]` für geeignete Indizes `i,j`
- Selektion einer Zeile oder einer Spalte: `x[i,%]` selektiert die i-te Zeile und ist ein Zeilenvektor, `x[%,j]` selektiert die j-te Spalte und ist ein Spaltenvektor
- Selektion einer Teilmatrix: `x[a..b,c..d]` bezeichnet die $(b-a+1) \times (d-c+1)$-Matrix

  $$x(a-i+1, c-j+1)_{1 \leq i \leq (b-a+1), 1 \leq j \leq (d-c+1)}$$

  (`a,b,c,d` können auch Ausdrücke sein, deren Wert dann im Zeilen- bzw. Spaltenbereich der Matrix liegen muß)

3.5.1 Werte

Jeder Ausdruck hat einen Wert, der sich entweder aus der verwendeten Operation oder aus einer Deklaration ergibt.

Arithmetische Ausdrücke setzen sich zusammen aus anderen arithmetischen Ausdrücken, Konstanten, Variablen und den arithmetischen Operationen +, -, *, **, /

Relationale Ausdrücke setzen sich zusammen aus arithmetischen Ausdrücken und den relationalen Operatoren gemäß 3.2

Boolesche Ausdrücke setzen sich zusammen aus den Booleschen Operatoren **not**, **and**, **or**, den Wahrheitswerten **true** und **false**, sowie Booleschen oder relationalen Ausdrücken. Die Auswertung der logischen Operationen **and** und **or** erfolgt mit Hilfe der bekannten Wahrheits-Tabellen und erfordert die Auswertung beider Operanden (*LA* kennt also keine *short circuit evaluation*)

Die Auswertung von Ausdrücken erfolgt von links nach rechts unter Beachtung der Hierarchie

relationale Operatoren
additive Operatoren
multiplikative Operatoren
not

not bindet am stärksten, die relationalen Operatoren binden am schwächsten. Die Reihenfolge der Auswertung kann durch Klammern geändert werden.

Beispiel: `(x < 0.9)` **and** `(x > 0.0)` ist *mathematisch* äquivalent zu $0.0 < x < 0.9$

Funktionsaufrufe sind Ausdrücke.

3.6 Anweisungen

Die Anweisungen von *LA* sind, insbesondere was Kontrollstrukturen betrifft, bewußt spartanisch angelegt. Zunächst ist eine Anweisungsfolge eine Folge von Anweisungen, wobei jede Anweisung durch ein Semikolon terminiert wird. Das Semikolon dient also (anders als in *Pascal* , aber ähnlich wie in *Ada* oder *SETL*) dazu, Anweisungen zu beenden. Die Anweisung, die beendet werden soll, kann auch leer sein; die Anweisung **void** hat den gleichen Effekt wie die leere Anweisung.

3.6.1 Zuweisung

Die Zuweisung hat die übliche Form

Variable := Ausdruck

Hierbei muß der Ergebnistyp des Ausdrucks mit dem Typ der Variablen übereinstimmen oder zu ihm konvertiert werden können (vgl. 3.3).

3.6.2 Prozedur-Aufruf

Prozeduren werden aufgerufen durch Angabe des Namens der Prozedur, gefolgt von einer Liste von aktuellen Parametern. Die Liste ist in Klammern eingeschlossen, die einzelnen Parameter sind voneinander durch Kommata getrennt. Resultat-Parameter dürfen nur durch Variablen besetzt werden, Werte-Parameter auch durch Ausdrücke passenden Typs.

3.6.3 Bedingte Anweisung

Die bedingte Anweisung besteht aus einer Reihe von Zweigen, die durch **if** bzw. **elseif** voneinander getrennt werden, und hat die allgemeine Form

```
if     Bedingung_1 then
       Anweisungsfolge_1
elseif Bedingung_2 then
       Anweisungsfolge_2
       • • •
elseif Bedinguhg_k then
       Anweisungsfolge_k
else
       Anweisungsfolge_0
fi
```

Die Bedingungen müssen Boolesche Werte annehmen, die jeweiligen Anweisungsfolgen dürfen nicht leer sein. Sowohl der **else**-Zweig als auch alle **elseif**-Zweige dürfen unabhängig voneinander fehlen.

3.6.4 Fallgesteuerte Anweisung

Diese Anweisung hat die allgemeine Form

```
case Ausdruck of
     l_1:     Anweisungsfolge_1
     l_2:     Anweisungsfolge_2
              • • •
     l_k:     Anweisungsfolge_k
     else
              Anweisungsfolge_0
esac;
```

Hierbei sind die `l_1,..,l_k` Listen ganzer Zahlen, deren Werte zur *Übersetzungszeit* bekannt sind und die durch Kommata voneinander getrennt werden. Sie müssen paarweise disjunkt sein. Der Ausdruck muß ganzzahlig sein; liegt sein Wert in einer dieser Listen, so wird die Anweisungsfolge, zu der die Liste gehört, ausgeführt, dann wird die gesamte Anweisung verlassen. Liegt der Wert des Ausdrucks nicht in einer der Listen, so wird die *Anweisungsfolge_0* ausgeführt. Der **else**-Zweig kann auch fehlen. Die Anweisungsfolgen sind von den jeweils folgenden Listen durch einen senkrechten Strich (|) getrennt.

3.6.5 Schleife

Hier bietet *LA* lediglich die benannte Schleife der Form

```
Schleifenname: loop
                    Anweisungsfolge
               end loop Schleifenname;
```

Der Schleifenname und der ihm folgende Doppelpunkt kann zu Beginn der Schleife fehlen, analog fehlt dann (und nur dann) beim Ende der Schleife der Schleifenname. Schleifen können mit Hilfe des Konstrukts **quit** verlassen werden, wobei der Name der Schleife angegeben sein muß, wenn die Schleife einen Namen bekommen hat. Ohne Angaben des Namens wird bei ineinander verschachtelten Schleifen stets die innerste Schleife verlassen. Der Schleifenname ist lexikalisch ein Bezeichner.

3.7 Prozeduren und Funktionen

Das Prozedur- und Funktionskonzept von *LA* entspricht im wesentlichen dem Konzept von Prozeduren und Funktionen, wie es aus *Pascal* oder *Ada* bekannt ist. Die Parameterübergabe kann entweder durch *call by value* (dies ist der übliche Weg) oder durch *call by reference* geschehen; *call by reference* wird wie in *Pascal* durch ein vorgestelltes **var** gekennzeichnet. Werte-Parameter dienen als initialisierte lokale Variablen. Ihnen kann also insbesondere ein neuer Wert innerhalb der Prozedur zugewiesen werden, der nicht an die aufgerufene Umgebung zurückgegeben wird. Prozeduren und Funktionen können lokale Variablen und lokale Konstanten haben. Es ist möglich, daß Prozeduren oder Funktionen rekursiv sind; *LA* kennt jedoch — ähnlich wie *C* — keine lokalen Prozeduren oder Funktionen. Bei Funktionen können anders als bei *Pascal* auch strukturierte Werte zurückgegeben werden. Prozeduren oder Funktionen sind weder als Parameter noch als Werte zugelassen.

3.7.1 Prozedur-Vereinbarung

Eine Prozedur wird wie folgt vereinbart:

```
procedure Proc_Name (Param_List) is
        Folge von Anweisungen und Deklarationen
end Proc_Name;
```

Proc_Name ist ein Bezeichner, *Param_List* ist die Liste formaler Parameter, die aus einer — durch Kommata voneinander getrennten — Liste von Bezeichnern, gefolgt von einem Doppelpunkt und der Typangabe der Parameter, besteht. Ein Semikolon schließt jede Liste ab. Sind alle Parameter einer Liste Resultat-Parameter, so ist dies — wie in *Pascal* — durch ein vorangestelltes **var** zu kennzeichnen.

Matrizen-Parameter werden nur durch die Angabe von **mat** gekennzeichnet, so daß Prozeduren Matrizen verschiedener Formate verarbeiten können.

3.7.2 Funktions-Vereinbarung

Eine Funktion wird analog vereinbart

```
function Fct_Name (Param_List) return Typ-Angabe is
        Folge von Anweisungen und Deklarationen
end Fct_Name;
```

Fct_Name ist ein Bezeichner, *Param_List* ist wie oben konstruiert, die Typ-Angabe ist entweder der Name eines primitiven Typs oder **mat** (um anzudeuten, daß eine Matrix zurückgegeben wird). Die Folge von Anweisungen muß ein **return** gefolgt von einem Ausdruck enthalten. Dieser Ausdruck ist der Wert des Funktions-Aufrufs. Analog darf eine Prozedur eine **return**-Anweisung der Form

```
return;
```

enthalten. In beiden Fällen wird die Kontrolle an die aufrufende Routine transferiert.

3.7.3 Gliederung von Programmen

Das Hauptprogramm wird mit dem Schlüsselwort **program** eingeleitet:

program -- Hauptprogramm
Folge von Deklarationen und Anweisungen
Vereinbarungen von Prozeduren und Funktionen
end program.

Die Sichtbarkeitsregeln sind einfach: Variable und Konstante müssen vor ihrer ersten Benutzung bekannt sein, d.h. deklariert werden; die Namen lokaler Objekte verschatten globale Objekte gleichen Namens.

3.8 Standard-Operationen

Wir geben nun eine vollständige Liste der Standard-Operationen für *LA* . Der Begriff *skalarer Wert* wird in folgendem Sinne gebraucht: ein skalarer Wert ist entweder eine ganze Zahl, eine reelle Zahl, oder durch implizite Konversion aus einer 1×1-Matrix hervorgegangen.

x + y — Summe von x und y; die Operation ist überladen: x und y können skalare. Werte oder beide Matrizen sein. Im letzten Fall müssen x und y jeweils die gleiche Anzahl von Zeilen und von Spalten haben. Völlig analog: x - y

x * y — Produkt von x und y; die Operation ist überladen: x und y können skalare Werte sein, oder x kann skalar, y eine Matrix sein. Dann wird x mit jedem Element der Matrix multipliziert. Analog kann x eine Matrix und y ein skalarer Wert sein, dann wird y mit jedem Element von x multipliziert. x kann eine $n \times k$, y eine $k \times m$-Matrix sein, dann ist das Produkt z eine $n \times m$-Matrix mit

$$z[i,j] = \sum_{l=1}^{k} x[i,l] * y[l,j]$$

x ** y — Potenz; y muß ganzzahlig positiv, x kann skalar oder eine quadratische Matrix sein

x/y — Division; ist in jedem Fall reell; x und y müssen skalare Werte sein, y $\neq$ 0

x **and** y — Konjunktion; x und y müssen Boolesche Werte sein

x **or** y — Disjunktion; x und y müssen Boolesche Werte sein

not x — Negation für Boolesches x

x *relop* y — relationale Operationen (*relop* $\in \{<, \leq, \neq, \geq, >\}$). Die Typen von x und y müssen den Vergleich erlauben: ist *relop* $\in \{<, \leq, \geq, >\}$, so müssen die Operanden skalare Typen sein

ceil(x) die kleinste ganze Zahl, die größer oder gleich **x** ist; dabei muß **x** skalar sein, das Resultat ist ganzzahlig

det(x) Determinante der quadratischen Matrix **x**

diag(x) Diagonale der quadratischen Matrix **x**

eigen(x) Matrix der Eigenwerte zur quadratischen Matrix **x**. Die Form der Matrix ist implementationsabhängig

exp(x) Approximation an die Exponentialfunktion

$$\sum_{n=0}^{\infty} \frac{x^n}{n!}$$

wobei **x** entweder eine quadratische Matrix oder eine skalare Größe ist

floor(x) die größte ganze Zahl, die kleiner oder gleich **x** ist; dabei muß **x** skalar sein, das Resultat ist ganzzahlig

get(x) Eingabe: liest **x** von der Standard-Eingabe. Ist **x** eine Matrix, so wird **x** zeilenweise eingelesen

inner(x,y) Inneres Produkt der Vektoren **x** und **y**

invers(x) Inverse der nicht-singulären quadratischen Matrix **x**

kern(x) Kern der Matrix **x** in der folgenden Art und Weise: ist für die $n \times k$-Matrix **x** die Dimension des Kerns gleich 1, so ist **kern(x)** eine $k \times l$-Matrix, deren Spalten paarweise senkrecht zueinander stehen und die Norm 1 haben. Die Anordnung der Spalten ist implementationsabhängig

log(x) Natürlicher Logarithmus der nicht-negativen skalaren Größe **x**

max(x,y) Maximum der beiden skalaren Größen **x** und **y**

min(x,y) Minimum der beiden skalaren Größen **x** und **y**

norm(x) Norm eines Zeilen- oder Spaltenvektors **x**

perm(x) Permanente der quadratischen Matrix **x**

put(x) Ausgabe: schreibt x auf die Standard-Ausgabe. Eine Matrix wird zeilenweise ausgegeben. Die Ausgabe wird durch *newline*-Zeichen beendet; ist x eine Matrix, so wird die Ausgabe jeder Zeile durch ein *newline*-Zeichen abgeschlossen. x kann auch eine Zeichenkette sein

rang(x) Rang einer Matrix x (d.h. die maximale Anzahl linear unabhängiger Spalten von x)

solve(x,b) Partikuläre Lösung y der linearen Gleichung x * y = b, wobei vereinbart ist x:mat[n,k], y:mat[k,1], b:mat[n,1]

spalten(x) Anzahl der Spalten der Matrix x

sqr(x) Quadrat der skalaren Größe x; ist das Argument ganzzahlig, so auch das Resultat

sqrt(x) Quadratwurzel der skalaren Größe x (x darf nicht negativ sein)

trans(x) transponierte Matrix zu x

trunc(x) Ganzzahliger Anteil von x; das Argument muß eine skalare Größe sein

zeilen(x) Anzahl der Zeilen der Matrix x

3.9 Schlüsselwörter

Die folgende Tabelle faßt die Schlüsselwörter noch einmal zusammen. Es sei daran erinnert, daß diese Schlüsselwörter reserviert sind.

and	boolean	case	ceil	const
det	diag	eigen	else	Elseif
end	esac	exp	false	fi
floor	function	get	if	inner
integer	invers	is	Kern	log
loop	mat	max	Min	norm
not	or	perm	Procedure	program
put	quit	rang	real	return
solve	sqr	Sqrt	trans	true
trunc	var	void	zeilen	

3.10 Ein Beispiel

Das folgende *LA* -Programm löst die Gleichung

$$\begin{pmatrix} 2 & 3 & 4 & 1 \\ 3 & 4 & 2 & 1 \\ 4 & 1 & 2 & 3 \\ 1 & 2 & 3 & 4 \end{pmatrix} * x = \begin{pmatrix} -1 \\ -2 \\ -3 \\ -4 \end{pmatrix}$$

```
program

    var
        x: mat[4, 4], s, b: mat[4, 1];
    var
        t: integer;

    x := DefMat(4); t := 0;
    Initialisiere:
        loop
            t := t + 1; s[ t, 1 ] := -1;
            if t = 4 then quit Initialisiere; fi;
        end loop; Initialisiere;
    b := solve(x, s); put("Loesung der Gleichung: "); put(b);

function DefMat(i: integer) return mat is
    var
        s, z: integer, m: mat[i, i];
    z := 0;
    defMatrix:
        loop
            z := z + 1; s := 0;
            loop
                s := s + 1;
                m[ z, s ] := mod(z + s, i) + 1;
                if s = i then quit; fi;
            end loop;
            if z = i then quit defMatrix; fi;
        end loop; defMatrix;
    return m;
end DefMat;

function mod (x, y: integer) return integer is
    return x - y * floor(x / y);
end mod;

end program.
```

Ein weiteres, ausführlicheres Beispiel ist in Anhang A gegeben.

Kapitel 4

Algorithmen für die Standard-Operationen

Die Standard-Operationen, die *LA* zur Manipulation von Matrizen zur Verfügung stellt, erfordern durchweg einen hohen Rechenaufwand. Die Auswahl von Algorithmen, die diese Operationen realisieren, muß sich deshalb an dem Bestreben orientieren, diese Operationen möglichst schnell durchzuführen; der Gesichtspunkt der Effizienz steht also im Vordergrund. Erst da, wo für eine Operation mehrere, von ihrer Komplexität her gleichwertige Algorithmen zur Verfügung stehen, können Kriterien wie Einfachheit der Implementierung und Verständlichkeit zum Tragen kommen.

Von dieser Regel wurde nur einmal, und zwar im Falle der Matrix-Multiplikation, abgewichen: hier wurde auf die Implementierung der asymptotisch besseren Algorithmen von Winograd oder von Strassen (siehe [Knu81], 4.6.4) verzichtet, da sie relativ aufwendig zu implementieren und in der Praxis erst für sehr große Matrizen wirklich schneller sind.

Neben das Kriterium der Effizienz tritt bei allen Algorithmen das der Korrektheit: die numerische Stabilität und Zuverlässigkeit von Algorithmen der linearen Algebra ist seit jeher Gegenstand intensiver Forschung und bei Auswahl und Implementierung stets im Auge zu behalten. Wir geben drei Beispiele dafür, wie die in diesem Zusammenhang auftretenden Probleme behandelt werden können:

1. Bei der Programmierung ist zu berücksichtigen, daß die Verwendung der relationalen Operatoren, die *C* und andere Sprachen bereitstellen, bei Gleitkommazahlen unabhängig von deren Genauigkeit schnell zu Fehlern führt: Ergebnisse von Operationen mit Größen etwa vom *C*-Typ DOUBLE sind stets mit Rundungsfehlern behaftet, die sich rasch aufsummieren. Es ist deshalb angezeigt, für den Vergleich von Gleitkommazahlen eigene Funktionen zu definieren, die beispielsweise festlegen, daß zwei Gleitkommazahlen dann gleich sind, wenn sich sich um weniger als eine kleine Konstante unterscheiden. (Wir haben beim Umgang mit DOUBLE-Variablen in *C* mit einem Wert von *10e-8* gute Erfahrungen gemacht.) Auch der häufig vorkommende Test auf *0* sollte entsprechend statt mit IF *(x==0)* mit IF *(abs(x) < ZERO)* durchgeführt werden, wo *ZERO* als kleine Konstante (etwa wieder *10e-8*) definiert ist.

2. Zur Erhaltung der numerischen Stabilität bei Matrix-Umformungen (Überführung in Dreiecksgestalt, Gauß'scher Algorithmus u.ä.) ist die *Pivotisierung* ein klassisches Mittel: hierbei wird versucht, die Elemente bei den einzelnen Schritten der Transformation

nicht zu stark anwachsen zu lassen, indem man betragsgrößte Elemente in geeigneter Weise als *Pivot* einsetzt. Wir beschreiben dies am Beispiel der Überführung einer $n \times m$-Matrix $A = (a_{i,j})$ in obere Dreiecksform; diese Transformation wird später bei mehreren Operationen benötigt. Die Transformation erfolgt zeilenweise; nach $i-1$ Schritten haben die Zeilen 1 bis $i-1$ bereits die richtige Gestalt. Dann verläuft der i-te Schritt wie folgt:

- Es wird das betragsgrößte Element in Spalte i der Zeilen i bis n gesucht; die Zeile p, in der es steht, heißt auch *Pivotzeile*:

```
p := i;
max := abs(a[i,i]);
FOR k := i + 1 TO n DO
   IF abs(a[k,i]) > max THEN
      max := abs(a[k,i]);
      p := k;
   END IF;
END FOR;
```

- Zeilen i und p werden (falls $i \neq p$) elementweise vertauscht:

```
IF i ≠ p THEN
   FOR vt k := 1 TO m DO
      h := a[i,k]; a[i,k] := a[p,k]; a[p,k] := h;
   END FOR;
END IF;
```

  Damit wird das Pivotelement zum Diagonalelement $a_{i,i}$.

- Ist $a_{i,i} = 0$, so ist die Matrix singulär, und es ist abhängig von der Anwendung gesondert zu verfahren. Andernfalls werden die Elemente in Zeilen $i+1$ bis n so verändert, daß in der Spalte i unterhalb des Diagonalelementes $a_{i,i}$ Nullen zu stehen kommen.

```
IF abs(a[i,i]) < ZERO THEN stop;
ELSE FOR j := i + 1 TO n DO
         FOR k := 1 TO m DO
            a[j,k] := a[j,k] - a[j,i] /a [i,i] * a[i,k];
         END FOR k;
      END FOR j;
END IF;
```

Neben der spaltenweisen Pivotisierung, die wir in diesem einfachen Beispiel gesehen haben, kennt man analog die *zeilenweise Pivotisierung* und (quasi als Mischung der beiden) die *vollständige Pivotisierung*, bei der das betragsgrößte Element unter allen Elementen der Restmatrix gesucht wird. Aussagen über die Auswirkungen der Pivotisierung auf die numerische Stabilität findet man zum Beispiel in [KS88].

3. Es ist gezeigt worden [Osb60], daß die vorhandenen Algorithmen zur Bestimmung der Eigenwerte einer Matrix A Resultate produzieren, die mit Fehlern in der Größenordnung $\epsilon \cdot \|A\|$ behaftet sind, wo ϵ eine maschinenabhängige Größe und $\| A \|$ die Euklidische Norm[1] von A ist. Daher erscheint es sinnvoll, die Matrix so vorzubehandeln, daß die Norm reduziert wird; dies leistet der Algorithmus von Parnett und Reinsch ([WR71], pp.315f.), der eine gegebene $n \times n-$ Matrix A *balanciert* in dem Sinne, daß anschließend für die i-te Zeile a^i, die i-te Spalte a_i und für die Norm der balancierten Matrix A' gilt:

$$\| a^i \| = \| a_i \|, \quad 1 \leq i \leq n, \quad \text{und}$$

$$\| A' \| = inf \| D^{-1} A D \|,$$

wobei das Infimum über alle nicht-singulären Diagonalmatrizen D gebildet wird.

Nach diesen Vorbemerkungen wollen wir nun die ausgewählten Algorithmen beschreiben; diese Beschreibung, die in der Regel wie oben in einer durch gängige programmiersprachliche Konstrukte angereicherten mathematischen Notation erfolgt, sollte Sie in die Lage versetzen, die Vorgehensweise nachzuvollziehen und die entsprechende Implementierung (in C) zu verstehen.

4.1 Grundoperationen

Für einige elementare Operationen auf Matrizen (und Vektoren) ergeben sich Algorithmen unmittelbar aus der Definition; dies gilt für Addition, Subtraktion und Multiplikation zweier Matrizen, ebenso für Diagonale und Transponierte einer Matrix oder auch für die Norm eines Vektors oder das innere Produkt zweier Vektoren. Hier sind stets lediglich (eine oder mehrere) Schleifen zu programmieren, in einzelnen Fällen kommt eine Überprüfung der Dimension der beteiligten Matrizen hinzu. Wir gehen auf diese Operationen nicht weiter ein.

4.2 Determinante, Rang und Permanente einer Matrix

Die Berechnung der Determinante $det(A)$ einer quadratischen $n \times n$-Matrix A geschieht in LA wie üblich dadurch, daß die in Frage stehende Matrix in der oben weitgehend spezifizierten Weise in obere Dreiecksform gebracht wird, wonach alle Summanden bis auf einen verschwinden und man die Determinante als Produkt der Diagonalelemente erhält:

```
determinante := sign;
FOR i := 1 TO n DO
    determinante := determinante * a[i,i];
END FOR;
```

Das Vorzeichen *sign* ergibt sich aus der Anzahl der Zeilenvertauschungen bei der Bildung der Dreiecksmatrix: man ergänze dazu die Spezifikation um eine Anweisung, die eine zu 1 initialisierte Variable *sign* im Falle einer Zeilenvertauschung mit -1 multipliziert.

[1] wir setzen hier und im folgenden die Definitionen aus Anhang B voraus.

Der Aufwand zur Berechnung der Determinante, nach Definition ein Polynom mit immerhin $n!$ Termen und n Variablen (Matrix-Elementen) in jedem Term, ist bei dieser Vorgehensweise lediglich von der Ordnung[2] $O(n^3)$. Diese Ordnung erreicht man auch mit anderen Verfahren (siehe z.B. [Knu81]), die jedoch durchweg aufwendiger in der Implementation sind.

Die Transformation einer $n \times m$-Matrix A in Dreiecksform kann auch dazu genutzt werden, ihren Rang, also die maximale Anzahl linear unabhängiger Zeilen oder Spalten, zu bestimmen. Er ergibt sich nämlich gerade als Anzahl der von Null verschiedenen Elemente in der Hauptdiagonalen der in Dreiecksform transformierten Matrix:

```
rang := 0;
FOR i := 1 TO n DO
   IF abs(a[i,i]) > ZERO THEN rang := rang + 1;
   END IF;
END FOR;
```

Die *Permanente* $perm(A)$ einer quadratischen Matrix $A = (a_{i,j})_{1 \leq i,j \leq n}$ unterscheidet sich von der Determinante $det(A)$ nur dadurch, daß das Vorzeichen der Summanden stets positiv ist. Trotzdem ist kein Verfahren bekannt, die Permanente ähnlich effizient zu berechnen wie die Determinante. Die Berechnung kann zwar substantiell schneller erfolgen als durch die direkte Umsetzung der Definition, die $O(n!)$ Schritte erfordern würde; man kennt jedoch kein polynomielles Verfahren. Grundlage für die Berechnung ist der folgende Satz ([Knu81], 4.6.4):

$$perm(A) = \sum_{\epsilon} (-1)^{n-\epsilon(1)-\ldots-\epsilon(n)} \prod_{1 \leq i \leq n} \sum_{1 \leq j \leq n} \epsilon(j) a_{i,j}$$

Dabei ist ϵ ein Bitvektor der Länge n, die äußere Summe läuft also über die Zahlen 0 bis $2^n - 1$. Die Exponenten zu (-1) ergeben sich, wenn man diese Zahlen als Dualzahl auffaßt. Das zugehörige Bitmuster läßt sich in einem Vektor der Länge n speichern.

Man benötigt zwei einfache, hier nicht näher spezifizierte Funktionsprozeduren, von denen die eine die Dualdarstellung einer natürlichen Zahl x in einem (genügend langen) Bitvektor t speichert *(make_bits(x))* und die andere *(add_bits(t))* die Einsen in t aufaddiert. $perm(A)$ erhält man dann durch folgende geschachtelte Schleife:

```
n := zeilen(a);
ASSERT spalten(a) = n;
permanente := 0;
FOR p := 0 TO 2^n - 1 DO
   f := make_bits(p);
   k := add_bits(p);
   prod := 1;
   FOR i := 1 TO n DO
      sum := 0;
```

[2] Wir beschreiben mit dieser Ausdrucksweise wie üblich die Tatsache, daß der Aufwand durch eine Funktion abgeschätzt werden kann, die durch cn^3 für eine geeignete Konstante c beschränkt ist, genauer:

$$O(f(n)) = \{g \mid \exists c \in \mathcal{N}\ \exists n_0 \in \mathcal{N}\ \forall n \geq n_0 : g(n) \leq cf(n)\}.$$

$\mathcal{N}$ bezeichnet dabei die natürlichen Zahlen.

```
        FOR j := 1 TO n DO
          SUM := SUM + F[I] * A[I,J];
        END FOR j;
        prod := prod * sum;
      END FOR i;
      permanente := permanente + (-1)^(n-k) * prod;
    END FOR p;
```

Der Aufwand des Verfahrens wird bestimmt durch die äußere Schleife und ist, wie man leicht nachvollzieht, von der Ordnung $O(2^n \cdot n^2)$.

4.3 Lösung linearer Gleichungssysteme

Das Standardverfahren zur Lösung eines linearen Gleichungssystems $Ax = b$ (vgl. Anhang A zur Notation) ist der *Gaußsche Algorithmus*; sein Prinzip ist die schrittweise Elimination der Unbekannten durch geeignete Kombination der Gleichungen und damit die Überführung des Systems $Ax = b$ in ein äquivalentes System $Rx = c$ in oberer Dreiecksform, aus dem die x_i für $i = n, n-1, \ldots, 1$ einfach bestimmt werden können. Die nachstehend beschriebene Vorgehensweise behandelt alle angegebenen Lösungsfälle einheitlich und arbeitet auch für unterbestimmte Systeme, d.h. im Falle $n > m$. Sie liefert als Ergebnis einen Vektor x als (eine) Lösung des inhomogenen Systems, und eine Matrix U, deren Spalten die linear unabhängigen Lösungen des homogenen System sind. Folgende Schritte sind auszuführen:

1. Es wird geprüft, ob die Anzahl der Gleichungen kleiner oder gleich der Anzahl der Unbekannten ist; wenn ja, so wird die Koeffizientenmatrix A um den Spaltenvektor b erweitert und die entstehende Matrix in obere Dreiecksform gebracht; *dreiecksform* sei der Name der entsprechenden, oben erläuterten Prozedur.

```
m := zeilen(a); n := spalten(a);
ASSERT m ≤ n;
FOR vt i := 1 TO m DO a[i,n+1] := b[i];
END FOR;
dreiecksform(a);
```

2. Die Lösbarkeit wird überprüft: es darf kein i geben mit $a_{i,i} = 0$ und $b_i \neq 0$.

```
FOR i := 1 TO m DO
  IF abs(a[i,i]) ≤ ZERO AND abs(b[i]) > ZERO THEN
    PRINT ('System nicht lösbar'); stop;
  END IF;
END FOR;
```

3. x und U werden initialisiert; *mu* sei die Zeilen-, *nu* die Spaltenzahl von U.

```
FOR i := 1 TO m DO x[i] := b[i]; END FOR;
FOR i := m + 1 TO n DO x[i] := 0; END FOR;

mu := n; nu := n-rang(A);
FOR i := 1 TO mu DO
   FOR j := 1 TO nu DO
      u[i,j] := 0;
   END FOR j ;
END FOR i ;
FOR i := 1 TO nu DO
   u[mu-i+1,i] := 1;
END FOR i;
```

4. Berechnung von x

```
FOR i := m DOWNTO 1 DO
   FOR j := m DOWNTO i + 1 DO
      x[i] := (x[i] - a[i,j] * x[j)] /a[i,i];
   END FOR j;
END FOR i;
```

5. Berechnung von U

```
FOR i := m DOWNTO 1 DO
   FORj := 1 TO nu DO
      u[i,j] := - a[i,n-j+1];
      FOR k := m DOWNTO i + 1 DO
         u[i,j] := (u[i,j] - a[i,k] * u[k,j]) /a[i,i];
      END FOR k;
   END FOR j;
END FOR i;
```

Es gibt verschiedene Alternativen zur Behandlung linearer Gleichungssysteme; das Gaußsche Verfahren ist jedoch bis heute in bezug auf seine Kombination von Einfachheit, Effizienz und numerischer Stabilität unübertroffen.

4.4 Kern einer Matrix

Die *LA* -Standard-Operation **kern**(M) soll zu einer Matrix M eine *orthormierte Basis* liefern, also eine Basis $\{x_1, \ldots, x_l\}$ mit

$$
\begin{aligned}
\langle x_i, x_j \rangle &= 0, \quad \text{falls} \quad i \neq j, \quad \text{und} \\
\| x_i \| &= 1 \quad \text{für} \quad \text{alle} \quad i.
\end{aligned}
$$

Mit der im vorigen Abschnitt beschriebenen Methode erhält man zum homogenen Gleichungssystem $Mx = 0$ eine Basis für den Lösungsraum in Form einer Matrix U; **kern(M)** (im gewünschten Sinne) kann man aus U gewinnen durch Anwendung des *modifizierten Gram-Schmidt-Algorithmus*, wie er etwa in [GL83], p.152, beschrieben ist. Dieser berechnet zu einer gegebenen $m \times n$-Matrix A vom Rang n spaltenweise eine Zerlegung $A = QR$, wobei Q orthonormierte Spalten hat und denselben Unterraum aufspannt wie A; R ist eine obere Dreiecksmatrix der Dimension $n \times n$. Im folgenden Algorithmus wird die gegebene Matrix A in eine orthonormierte Matrix in diesem Sinne transformiert. Bezeichnet a_j die j-te Spalte von A, so läßt er sich wie folgt formulieren:

```
m := zeilen(a); n := spalten(a);
FOR k := 1 TO n DO
  r[k,k] := || a_k ||;
  FOR i := 1 TO m DO a[i,k] := a[i,k] /r[k,k]; END FOR;
  FOR j := k + 1 TO n DO
    r[k,j] := ⟨a_k, a_j⟩;
    FOR i := 1 TO m DO
      a[i,j] := a[i,j] - a [i,k] * r[k,j];
    END FOR i;
  END FOR j;
END FOR k;
```

Eine Alternative zum Gram-Schmidt Algorithmus ist die Methode der *Householder-Orthogonalisierung* [GL83], p.146f.; sie ist jedoch für das Problem der Erstellung einer Orthonormal-Basis weitaus weniger effizient.

4.5 Inverse einer Matrix

Die Elemente der Inversen A^{-1} einer regulären, quadratischen $n \times n$ Matrix A werden gemeinhin mit Hilfe der *Minoren* bzw. *Adjunkte* von A beschrieben. Der *Minor* $A_{i,k}$ eines Elementes $a_{i,k}$ von A ist die Determinante der Matrix, die aus A durch Streichen der i-ten Zeile und k-ten Spalte entsteht, der zugehörige Adjunkt $\alpha_{i,k}$ ist definiert als $\alpha_{i,k} = (-1)^{i+k} A_{i,k}$. Dann sind die Elemente $a_{i,k}^{(-1)}$ von A^{-1} gegeben durch

$$a_{i,k}^{(-1)} = \frac{1}{det A} \alpha_{k,i}.$$

Für eine algorithmische Berechnung der inversen Matrix erweist sich die Umsetzung dieser Formel als zu aufwendig. Hier stehen andere, bewährte Verfahren zur Verfügung, etwa der *Gauss-Jordan-Algorithmus* (siehe z.B. [Sto72]), der ausgehend von einem Gleichungssystem $Ax = y$, für reelle Vektoren x, y der Dimension n, die Matrix A^{-1} mit $x = A^{-1}y$ bestimmt. Die Transformation von A zu A^{-1} geschieht zeilenweise: beginnend mit dem System

$$\begin{aligned} a_{11}x_1 + a_{12}x_2 + \cdots + a_{1n}x_n &= y_1 \\ &\vdots \\ a_{n1}x_1 + a_{n2}x_2 + \cdots + a_{nn}x_n &= y_n \end{aligned}$$

wird für $1 \leq j \leq n$ in Schritt j die Variable x_j gegen eine der Variablen y_k, die sich durch Pivotisierung ergibt, getauscht. Man erhält nach j Schritten eine Matrix $A^{(j)}$, die Koeffizientenmatrix eines Systems ist, in dem auf der rechten Seite $x_1, \ldots, x_j$ stehen:

$$\begin{array}{ccccccccc}
a_{11}^{(j)}\tilde{y}_1 & + \cdots + & a_{1j}^{(j)}\tilde{y}_j & + & a_{1j+1}^{(j)}x_{j+1} & + \cdots + & a_{1n}^{(j)}x_n & = & x_1 \\
 & & & & \vdots & & & & \\
a_{j1}^{(j)}\tilde{y}_1 & + \cdots + & a_{jj}^{(j)}\tilde{y}_j & + & a_{j,j+1}^{(j)}x_{j+1} & + \cdots + & a_{jn}^{(j)}x_n & = & x_j \\
a_{j+1,1}^{(j)}\tilde{y}_1 & + \cdots + & a_{j+1,j}^{(j)}\tilde{y}_j & + & a_{j+1,j+1}^{(j)}x_{j+1} & + \cdots + & a_{j+1,n}^{(j)}x_n & = & \tilde{y}_{j+1} \\
 & & & & \vdots & & & & \\
a_{n1}^{(j)}\tilde{y}_1 & + \cdots + & a_{nj}^{(j)}\tilde{y}_j & + & a_{n,j+1}^{(j)}x_{j+1} & + \cdots + & a_{nn}^{(j)}x_n & = & \tilde{y}_n
\end{array}$$

Dabei ist $(\tilde{y}_1, \ldots, \tilde{y}_j, \tilde{y}_{j+1}, \ldots, \tilde{y}_n)$ eine Permutation der ursprünglichen Variablen $(y_1, \ldots, y_n)$, die sich aus Zeilenvertauschungen ergibt.

Nach n Schritten hat man schließlich ein System $A^{(n)}\hat{y} = x$, für das $\hat{y} = Py$ und damit $(A^{(n)}P)y = x$ gilt; P ist dabei eine Permutationsmatrix, die die durchgeführten Zeilenvertauschungen wiederspiegelt. Wegen $Ax = y$ ist dann $A^{-1} = A^{(n)}P$. Das Vorgehen läßt sich wie folgt spezifizieren: wir setzen eine reguläre quadratische Matrix A voraus und transformieren sie zeilenweise und ohne Verwendung von Hilfsmatrizen in ihre Inverse. Lediglich für das Verwalten der Information über erfolgte Zeilenvertauschungen wird ein Hilfsvektor p der Länge n benötigt, der mit

```
FOR j := 1 TO n DO p[j] := j; END FOR;
```

initialisiert wird. Ist *pivotzeile(A,j)* eine Funktion, die (wie eingangs in diesem Kapitel beschrieben) diejenige der Zeilen von j bis n mit dem betragsgrößten Element in Spalte j bestimmt, und *zeilentausch(A,j,k)* eine Prozedur, die die Zeilen j und k elementweise vertauscht, so läßt sich der j-te Schritt wie folgt formulieren:

- Es wird die Pivotzeile bestimmt, die j-te Zeile wird mit der Pivotzeile — falls nötig — vertauscht, und die Vertauschung im Vektor p vermerkt.

```
k := pivotzeile(A,j);
IF k ≠ j THEN
   zeilentausch(A,k,j);
   x := p[j]; p[j] := p[k]; p[k] := x;
END IF;
```

- Anschließend werden die Matrix-Elemente transformiert:

```
x := 1/a[j,j];
FOR i := 1 TO n DO a[i,j] := a[i,j] * x; END FOR i;
a[j,j] := x;
FOR k := 1 TO n DO
   IF k ≠ j THEN
```

```
            FOR i := 1 TO n DO
              IF i ≠ j THEN
                a[i,k] := a[i,k] - a[i,j] * a[j,k];
                a[j,k] := - x * a[j,k];
              END IF;
            END FOR i;
          END IF;
        END FOR k;
```

Nach Schritt n müssen die erfolgten Zeilenvertauschungen als Spaltenvertauschungen rückgängig gemacht werden, d.h. für $1 \leq i \leq n$ muß Spalte i zu Spalte $p[i]$ werden. Dies geschieht unter Zuhilfenahme eines Hilfsvektors hv:

```
FOR i := 1 TO n DO
  FOR k := 1 TO n DO hv[p[k]] := a[i,k]; END FOR k;
  FOR k := 1 TO n DO a[i,k] := hv[k]; END FOR k;
END FOR i;
```

Die Komplexität dieses Verfahrens ist von der Ordnung $O(n^3)$.

4.6 Eigenwerte einer quadratischen Matrix

Für die Berechnung von Eigenwerten und Eigenvektoren gibt es eine Fülle von Algorithmen, die sich hinsichtlich ihres Lösungsansatzes, aber auch hinsichtlich der Ergebnisse unterscheiden. So findet man solche Algorithmen, die die Eigenwerte über das charakteristische Polynom berechnen, und solche, die sie aus der Matrix selbst bestimmen. Man findet solche Algorithmen, die nur einen oder einige wenige, etwa nur die reellen, und solche, die alle Eigenwerte berechnen. Das Buch von Wilkinson und Reinsch [WR71] sei für einen umfassenden Überblick angeraten.

Wir haben mit dem *QR-Algorithmus* (siehe z.B. [WR71,Sto72,GL83]) ein Verfahren gewählt, das zum einen immer alle Eigenwerte liefert, also auch komplexe oder solche mit höherer Vielfachheit, und das zum anderen auf beliebige Matrizen anwendbar ist. Es ist allerdings erst dann wirklich effizient, wenn die Matrix, auf die es angewendet wird, gewisse Eigenschaften hat. Dem eigentlichen *QR-Schritt* gehen deshalb einige Matrix-Transformationen voraus.

Wir skizzieren im folgenden ein grobes Ablaufschema; auf eine programmiersprachliche Spezifikation müssen wir an dieser Stelle wegen deren Umfangs allerdings verzichten.

1. Die in Frage stehende quadratische Matrix A wird nach dem in der Einleitung genannten Verfahren von Parlett und Reinsch ([WR71], p.315) *balanciert*. A' sei die dabei entstehende Matrix.

2. A' wird nach einem von Wilkinson und Martin ([WR71], p.339) beschriebenen Verfahren in eine Matrix B in *obere Hessenberg-Form* (d.h. mit $b_{i,k} = 0$ für $i > k+1$) überführt. Diese Überführung besteht aus $n-2$ Schritten, wobei vor Schritt r die ersten $r-1$ Spalten von A_r in oberer Hessenberg-Form sind. Die Matrix A_{r+1} erhält man aus

A_r durch die Berechnung

$$A_{r+1} = N_{r+1}^{-1} I_{r+1,(r+1)'} A_r I_{r+1,(r+1)'} N_{r+1}.$$

Dabei ist $I_{r+1,(r+1)'}$ eine einfache Permutationsmatrix, die die Vertauschung der Zeilen $r+1$ und $(r+1)'$ und der Spalten $r+1$ und $(r+1)'$ wiederspiegelt, wobei der Index $(r+1)'$ durch Spaltenpivotisierung in den Zeilen $r+1$ bis n von A_r ermittelt wird.

Die Elemente $n_{i,j}$ von N_{r+1} sind gegeben durch

$$n_{i,j} = \begin{cases} a_{i,r}^{(r)} / a_{r+1,r}^{(r)}, & r+2 \leq i \leq n \text{ und } j = r+1 \\ \delta_{i,j}, & \text{sonst} \end{cases}$$

Dabei ist $\delta_{i,j}$ das Kroneckersymbol.

Es gilt: Die A_i haben für $1 \leq i \leq n-1$ die gleichen Eigenwerte, also insbesondere auch $A' = A_1$ und $B = A_{n-1}$.

3. Die Eigenwerte λ_i, $1 \leq i \leq n$, erhält man als Diagonalelemente einer Matrix R, gegen die eine Folge $B_i, i \geq 1$, von oberen Hessenberg-Matrizen konvergiert.
Dabei ist $B_1 = B$, und B_{i+1} entsteht aus B_i wie folgt:

   - Bilde $B_i' := B_i - k_i E$ mit einem geeigneten Verschiebungsparameter k_i.
   - Berechne eine Orthogonalmatrix Q_i und eine obere Dreiecksmatrix R_i, so daß die Beziehung
   $$Q_i B_i' = R_i$$
   erfüllt ist.
   - Setze $B_{i+1} := R_i Q_i^T + k_i E$.

   Man kann zeigen, daß die Folge bei geeigneter Wahl der k_i sehr rasch konvergiert; dies gilt etwa dann, wenn k_i in der Nähe eines Eigenwertes von B gewählt wird. In der Matrix R sind die Diagonalelemente gerade die reellen Eigenwerte von A; die Real- und Imaginärteile der komplexen Eigenwerte (die stets paarweise als konjugiert komplexe Zahlen auftreten) bilden 2×2-Teilmatrizen in R.

Durch Lösen geeigneter Gleichungssysteme kann man zu den Eigenwerten λ_i die zugehörigen Eigenvektoren erhalten; dies ist allerdings in *LA* nicht implementiert.

4.7 Matrixexponentiation

Der Operator $\exp(A)$ soll für eine Matrix A, die quadratisch sein muß, eine Annäherung an

$$e^A := \sum_{i=0}^{\infty} \frac{A^i}{i!}$$

liefern, d.h. eine Matrix F, die bis auf einen möglichst kleinen Fehler der Matrix e^A entspricht. Diesen Fehler, die Abweichung von e^A, messen wir mit Hilfe der Zeilensummennorm $\| A \|_\infty$, die bei beliebigen $n \times m$-Matrizen definiert ist als

$$\| A \|_\infty := \max_i \sum_{j=1}^{n} | a_{i,j} | .$$

exp(A) soll dann zu einem vorgegebenen ϵ eine Matrix $F = e^{A+E}$ berechnen, wo E eine Fehlermatrix ist, die der Beziehung $\| E \|_\infty \leq \epsilon \cdot \| A \|_\infty$ genügt.

Das Problem läßt sich mittels der obigen Summenformel für die Exponentialfunktion iterativ lösen: man bildet neue Summanden $A^j/j!$ und die Summe $\sum_{i=0}^{j} A^i/i!$ solange, bis einem Abbruchkriterium Genüge getan ist, etwa dem, daß sich zwei aufeinanderfolgende Summanden genügend wenig unterscheiden.
In der Tat ist dieses Vorgehen in einer Prozedur *Euler(A)* programmiert und wird dann zur Berechnung von exp(A) herangezogen, wenn in dem anschließend diskutierten Algorithmus eine der beteiligten Matrizen singulär wird. Für die allgemeine Anwendung kann das Vorgehen wegen des schlechten Konvergenzverhaltens nicht empfohlen werden.

Die mathematische Idee für einen diesbezüglich besseren Algorithmus beruht auf der *diagonalen Padé-Approximation* ([GL83], p.396f.), bei der exp(z) approximiert wird durch *Padé-Funktionen*

$$R_{p,q}(z) = D_{p,q}(z)^{-1} N_{p,q}(z)$$

mit

$$N_{p,q}(z) = \sum_{k=0}^{p} \frac{(p+q-k)!p!}{(p+q)!k!(p-k)!} z^k$$

und

$$D_{p,q}(z) = \sum_{k=0}^{q} \frac{(p+q-k)!q!}{(p+q)!k!(q-k)!} (-z)^k$$

(Für $q = 0$ ist $R_{p,0} = 1 + z + \ldots + z^p/p!$ gerade das Taylor-Polynom vom Grade p.)

Für Matrizen A kann man zeigen, daß es unter der Bedingung

$$(*) \qquad 1/2^j \cdot \| A \|_\infty \leq 1/2 \quad \text{für geeignetes } j$$

eine Matrix E gibt, die das angestrebte Ziel realisiert:

$$(1) \qquad F = F_{p,q} = e^{A+E} = [R_{p,q}(A/2^j)]^{2^j}$$

$$(2) \qquad \| E \|_\infty \leq \epsilon \| A \|_\infty \text{ mit } \quad \epsilon = 2^{3-(p+q)} p!q!/((p+q)!(p+q+1)!)$$

Um der Bedingung (*) zu genügen, müssen wir die Zeilensummennorm der in Rede stehenden Matrix eventuell verringern; wir berechnen dann e^A als $(e^{A/m})^m$ für geeignetes m.

Man kann zusätzlich zeigen, daß es sinnvoll ist, $p = q$ zu setzen, da dann gewisse Fehlerschranken am kleinsten sind. Dies führt für eine $n \times n$-Matrix A und eine vorzugebende Fehlerkonstante ϵ zu der folgenden Prozedur:

- Es wird sichergestellt, daß mit einer geeigneten Division der Elemente von A die Bedingung (*) erfüllt ist. Aus einem später klar werdenden Grund muß allerdings eine Kopie von A erhalten werden. Die Fehlerkonstante ϵ ist entsprechend anzupassen. *norm_∞*`(A)` sei eine Funktionsprozedur zur Berechnung der Zeilensummennorm.

```
norm := norm_∞(A);
j := max(0,1+⌊log₂(norm)⌋);
copy_A := A;
A := 1/2^j * A;
fq := ε/norm;
```

- Es wird das kleinste q bestimmt mit

$$2^{3-2q}(q!)^2/((2q)!(2q+1)!) \leq fq.$$

Dieses q ist die Anzahl der Iterationen für die nachfolgenden Schleifen. Um q nicht stets neu berechnen zu müssen, entnehmen wir den Wert einer Tabelle, die wir als Fallunterscheidung in die Prozedur einfügen:

```
IF fq ≤ 8.40208e-47 THEN q := 14;
ELSE IF fq ≤ 1.05261e-42 THEN q := 13;
⋮
ELSE IF fq ≤ 6.94e-4 THEN q := 2;
ELSE q := 1;
END IF;
```

Größere Werte als 14 dürften in der Praxis kaum benötigt werden.

- In einer q mal zu durchlaufenden Schleife werden Matrizen D und N, die als $n \times n$-Einheitsmatrizen I initialisiert werden, entsprechend den obigen Formeln für $D_{p,q}$ bzw. $N_{p,q}$ berechnet. Der Wert von c wird dabei iterativ aktualisiert. Eine weitere Matrix X nimmt das Produkt A^q auf.

```
D := N := X := I;
c := 0.5;
FOR k := 1 TO q DO
   c := c * (q-k+1) /(2q-k+1) * k;
   X := A * X;
   N := N + c * X;
   D := D + (-1)^k * c * X;
END FOR k;
```

- Nun erhält man das gesuchte F als $F = D^{-1} * N$ und Potenzierung des Ergebnisses mit 2^j; allerdings ist vor der Invertierung von D zu prüfen, ob D nicht singulär ist. Für diesen Fall berechnen wir F wie oben angedeutet mit der Eulerschen Summenformel.

```
IF det(D)=0 THEN
    Euler(copy_A);
ELSE
    inverse(D);
    X := D * N;
    FOR k := 1 TO q DO X := X * X; END FOR k;
END IF;
```

Die Komplexität des Verfahrens ist, wie man leicht nachvollzieht, von der Ordnung $O((q+j)n^3)$. Dies bedeutet, da die Anzahl q der Iterationen durch eine (relativ kleine) Konstante beschränkt ist, in der Praxis eine deutliche Verbesserung gegenüber der direkten Berechnung über die Eulersche Summationsformel.

Kapitel 5

Lexikalische und syntaktische Analyse

Wir werden beschreiben, was geschieht, wenn ein LA-Programm eingegeben und eine Zwischendarstellung erzeugt wird. Daher befassen wir uns in diesem Abschnitt zunächst mit vorbereitenden Überlegungen, die sich mit den Datenstrukturen für die lexikalische und syntaktische Analyse befassen, dann werden wir kurz auf die in unserem Falle recht einfache lexikalische Analyse eingehen und schließlich die syntaktische Analyse diskutieren. Hierzu werden wir die Regeln der Grammatik angeben und, wo es nötig ist, auf einzelne Regeln eingehen. Da wir mit dem Werkzeug *yacc* arbeiten, werden wir die Grammatik als Spezifikation dafür angeben; wir gehen an dieser Stelle nicht auf die zugehörigen semantischen Aktionen ein.

5.1 Datenstrukturen für die Symbol-Tabelle

Zunächst also zur Diskussion der grundlegenden Datenstrukturen. Die Symbol-Tabelle für den Compiler wird durch eine Hash-Tafel verwaltet (vgl. 2.6.1. Bevor wir auf die Struktur eines Eintrags in der Symbol-Tabelle eingehen, wollen wir die verwendete Hash-Funktion angeben, die [ASU86], p. 436, entnommen ist:

```
int Hash(s)
char *s;
{
   char *p;
   unsigned h = 0, g;
   for (p = s; *p != '\0'; p ++){
      h = (h << 4) + (unsigned) (*p);
      g = h & 0xf0000000;
      if (g) {
         h = h ^ (g >> 24);
         h = h ^ g;
      }
   }
   return h % BUCKETANZAHL;
}
```

Die Funktion startet mit dem Wert $h = 0$. Für jeden Buchstaben in der zu verarbeitenden Zeichenkette werden die Bits in h um vier Positionen nach links geschoben und das Zeichen wird dazu addiert. Falls eins der vier am weitesten links stehenden Bits von h eine 1 trägt, werden diese vier Bits um 24 Positionen nach rechts geschoben und mit Hilfe des exklusiven Oders in h hineingebracht. Anschließend wird jedes der ursprünglich auf 1 stehenden Bits auf 0 gesetzt und der Divisionsrest von h mit dem Wert `BUCKETANZAHL` zurückgegeben; 109 hat sich als guter Wert für die Größe `BUCKETANZAHL` erwiesen. Untersuchungen, über die in [ASU86] berichtet wird, haben gezeigt, daß diese Hash-Funktion in der Praxis eine recht ordentliche Gleichverteilung von Bezeichnern in Programmen erzielt.

Die Zeichenketten, aus denen der Hash-Code berechnet wird, werden freilich nicht in der Hash-Tafel abgespeichert, sondern in einem globalen Feld, das alle Zeichenketten des Programms enthält. Eine Zeichenkette taucht daher nur als Zeiger auf den Beginn ihres Eintrags in diesem globalen Feld auf (das Ende des Eintrags wird durch den Terminator für Zeichenketten in *C*, nämlich '\0', angegeben).

Zeichenketten werden in ein globales Feld, das Token-String-Field `TSF` eingetragen. Das hat den Vorteil, daß mehrfach auftretende Zeichenketten nicht mehrfach abgespeichert werden müssen und daß wir in der Symbol-Tabelle keinen Platz für Bezeichner vorsehen müssen (sondern lediglich Platz für einen Zeiger in das Feld).

Die Einfügung einer Zeichenkette in die Tabelle geht kanonisch vor sich: zunächst wird für die Zeichenkette die Bucketnummer mit Hilfe der Hash-Funktion bestimmt, dann wird die zu diesem Bucket gehörige lineare Liste danach untersucht, ob das einzufügende Symbol bereits vorhanden ist. Ist dies der Fall, so wird die Suche abgebrochen und ein Zeiger auf den Eintrag in der Liste zurückgegeben. Ist das Symbol noch nicht vorhanden, so wird die Zeichenkette in das Token-String-Feld eingetragen und die lineare Liste des Buckets wird um den entsprechenden Knoten erweitert. Zurückgegeben wird auch in diesem Fall ein Zeiger auf den entsprechenden Eintrag in der Liste.

Die Symbol-Tabelle enthält Informationen über die abgespeicherten Symbole; da *LA* eine "kleine" Sprache ist, haben wir uns entschlossen, in die Symbol-Tabelle auch Informationen über Konstanten abzuspeichern, so daß eine eigene Konstantentafel überflüssig wird. Dies ist dadurch gerechtfertigt, daß Konstante in LA keine strukturierten Objekte sein dürfen, sondern lediglich entweder Zeichenketten oder ganze/reelle Zahlen sein können. Die Symbol-Tabelle nimmt die folgenden Informationen auf:

- einen Zeiger in das Feld `TSF`, das alle Zeichenketten speichert,
- statisch ableitbare Informationen über Bezeichner; hierzu gehören:
  - die Information darüber, ob es sich um eine Variable, Konstante, Funktion, Prozedur oder eine Marke (d.h. den Bezeichner für eine Schleife) handelt,
  - die Information, ob dieses Objekt lokal oder global vereinbart ist, sowie einen Indikator zum Typ des Objekts,
  - falls es sich um eine Funktion handelt: Informationen darüber, welchen Typ das Resultat hat.
  - Globale bzw. lokale Objekte werden durchnumeriert, und wir merken uns die Nummer des Objekts mit einem entsprechenden Hinweis, ob es sich um ein globales oder ein lokales Objekt handelt.

- Für globale bzw. lokale Konstanten merken wir uns den Wert, wobei der Wert möglicherweise erst durch Konstantenfaltung ermittelt werden muß, vgl. 7.2.1.
- Falls wir eine Prozedur oder eine Funktion vor uns haben, merken wir uns die Argumente, die wir in einer verketteten Liste abspeichern. Jedes Element dieser Liste hat einen Eintrag, der den Typ des Arguments wiedergibt, und einen Eintrag, der andeutet, auf welche Art der Parameter übergeben wird (*call by value* bzw. *call by reference*).
- Wir merken uns den *Scope*, in dem wir uns befinden; dieser Verweis ist entweder leer, wenn wir uns im Hauptprogramm befinden, oder er verweist auf den Symbol-Tabellen-Eintrag der entsprechenden Funktion/Prozedur.

Wir haben uns dazu entschlossen, einen Syntaxbaum als Zwischendarstellung zu wählen. Die Alternative wäre z.B. gewesen, Drei-Adreß-Code zu erzeugen; wir haben davon Abstand genommen, weil wir mit der expliziten Darstellung des abstrakten Syntaxbaums die Berechnung der Attribute durchsichtiger gestalten können, weil sich auf diese Weise die syntaktische und semantische Analyse konzeptionell besser von der Code-Erzeugung trennen läßt, und weil schließlich der abstrakte Syntaxbaum bei späteren möglichen Erweiterungen des Compilers und der Sprache einfacher zu verstehen und zu ändern ist, als dies im Drei-Adreß-Code der Fall sein würde.

5.2 Aufbau des Syntaxbaums

Die Syntax ist so gestaltet, daß auf der rechten Seite einer Produktion bis zu fünf nichtterminale Symbole vorkommen können; dies bedeutet, daß ein Knoten im Syntaxbaum bis zu fünf Söhne haben kann. Vor die Entscheidung gestellt, ob wir die Knoten des Syntaxbaums danach klassifizieren, wieviel Söhne der Knoten haben kann, und entsprechend viele Knotentypen einführen, oder ob wir mit einem einzigen Knoten-Typ vorliebnehmen, bei dem bis zu fünf Söhne (Zeiger) vorkommen können, haben wir uns dazu entschlossen, mit einer einheitlichen Datenstruktur zu arbeiten. Dies führt möglicherweise zu Verschwendung von Speicherplatz (von den 102 Regeln erzeugt nur eine Regel einen Knoten mit vier Söhnen, und nur zwei Regeln erzeugen einen Knoten mit jeweils fünf Söhnen), ist aber einfacher, weniger fehleranfällig und änderungsfreundlicher zu programmieren.

Ein Knoten im Syntaxbaum enthält die folgenden Informationen:

- die Nummer der Regel, unter der dieser Knoten erzeugt wurde,
- Zeiger auf fünf Söhne,
- einen Zeiger in die Symbol-Tabelle,
- Typ-Identifikationen für deklarierte Variable,
- einen Zeiger auf eine Liste, die Informationen über Schleifen enthält,
- verschiedene Informationen (etwa ein Boolescher Wert, der andeutet, ob in einer Funktion ein *return*-Wert vorhanden und erreichbar ist, oder ein Feld, das für Variablen-Deklarationen den deklarierten Typ angibt).

Wir diskutieren den Aufbau des Syntaxbaums an zwei Beispielen: einmal zeigen wir, wie die Wurzel des Syntaxbaums aussieht (Regel Nr. 1, Aufbau eines *LA* -Programms), zum anderen geben wir den Knoten für die Regel 47 (Ausschnitt aus einer Matrix) an.

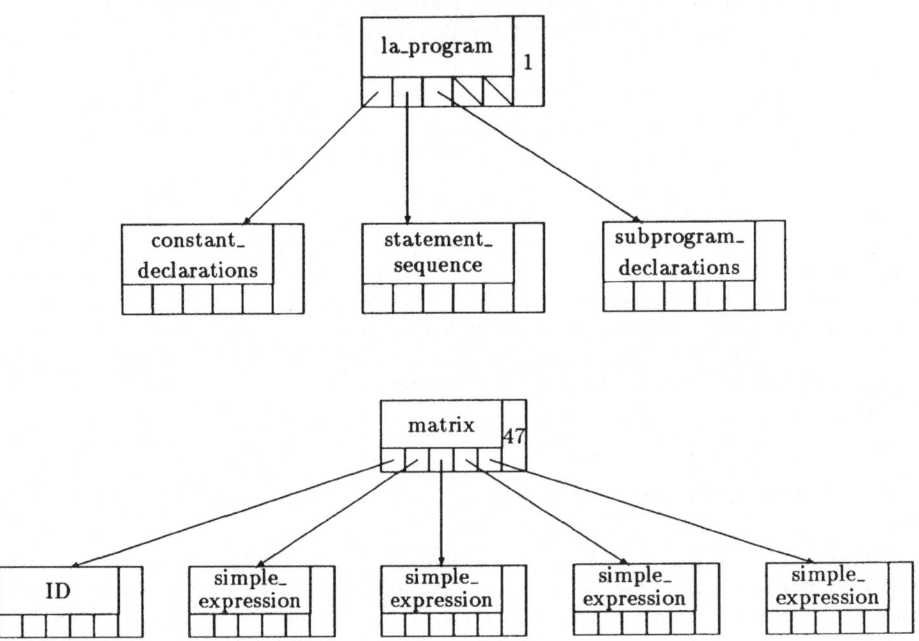

Wir haben oben angedeutet, daß die Syntax-Analyse mit Hilfe von *yacc* vor sich gehen wird; dieses Werkzeug erzeugt bekanntlich einen *LALR(1)*-Parser, der mit einem Stack arbeitet. Der Stack enthält getypte Token, wobei sich der Typ als Vereinigung aus den folgenden Typen ergibt:

- `integer`: für ganzzahlige Werte,
- `real`: für reelle Werte,
- Zeiger in die Symbol-Tabelle,
- Zeiger auf einen Knoten im abstrakten Syntaxbaum.

5.3 Zur lexikalischen Analyse

Bei der lexikalischen Analyse stehen wir ähnlich wie bei der Syntax-Analyse vor der Frage, ob wir uns eines Werkzeugs bedienen sollen. Während die Frage bei der Syntax-Analyse einfach zu beantworten ist (wer möchte schon die Mengen der *LALR*-Items und ihre Übergänge berechnen?), ist die Antwort im Fall der lexikalischen Analyse nicht so einfach. Als Werkzeug bietet sich hier üblicherweise unter UNIX das Programm *lex* an, das mit *yacc* zusammenarbeitet. Die Erfahrung zeigt jedoch, daß die von *lex* erzeugten Scanner im Vergleich zu manuell geschriebenen recht ineffizient sind. Darüber hinaus ist die lexikalische Struktur von *LA* nicht besonders kompliziert, so daß ein Scanner schnell von Hand geschrieben werden kann.[1]

Der Scanner liest aus Geschwindigkeitsgründen den Quellcode zunächst zeilenweise in einen Puffer. Auf den Puffer wird zeichenweise über einen Zeiger zugegriffen. Falls der Wert des Zeigers, also die Adresse des nächsten zu lesenden Zeichens, größer als die Adresse des letzten Zeichens im Puffer ist, wird die nächste Zeile eingelesen und eine globale Variable zum Zählen der Zeilen erhöht. Auf diese Variable kann beispielsweise der Parser zur Lokalisierung eines Fehlers zugreifen. Kommentare werden vom Scanner wie üblich überlesen, und illegale Zeichen im Input werden ignoriert. Wir haben uns dazu entschlossen, die maximale Länge von Bezeichnern auf 30 signifikante Zeichen zu beschränken. Dies geschieht im wesentlichen, um aus den Bezeichnern später einfacher Marken für den Zwischencode erzeugen zu können (vgl. 7.2.2). Bei Verwendung von Bezeichnern mit mehr als 30 Zeichen wird eine Warnung ausgegeben und mit dem verkürzten Bezeichner weitergearbeitet.

5.3.1 Token

Die Klassifizierung der Token wird nach dem ersten untersuchten Zeichen vorgenommen. Anhand dieses Zeichens kann eine eindeutige Unterscheidung der verschiedenen Tokenklassen vorgenommen werden. Im einzelnen sind dies:

- Zeichenketten: dies sind String-Konstanten, die mit " beginnen,
- Bezeichner: Beginn mit einem Buchstaben, dann können Ziffern, Buchstaben und Unterstriche folgen,
- numerische Konstanten: Beginn mit einer Ziffer,
- sonstige Token: sie werden mit Hilfe einer eigenen Funktion im Scanner analysiert.

In der Funktion zur Erkennung von Bezeichnern wird anhand des ersten Buchstabens eines Bezeichners zuerst überprüft, ob es sich dabei um ein reserviertes Wort mit dem betreffenden Anfangsbuchstaben handelt. Ist dies nicht der Fall, so wird der Bezeichner in die Symbol-Tabelle eingetragen, falls er dort noch nicht vorhanden ist. Falls es sich bei dem Bezeichner um ein reserviertes Wort handelt, wird nichts eingetragen, da der Aufbau des Syntaxbaums eine eindeutige Zuordnung zu reservierten Worten gestattet. Dieses Vorgehen der Token-Erkennung ist einfach an die vorhandenen lexikalischen Gegebenheiten anpaßbar, aber auch hinreichend leistungsfähig für unsere Zwecke. Es sei daran erinnert, daß bei Bezeichnern Groß- und Kleinschreibung signifikant sind.

Wir tragen auch String-Konstanten in die Symbol-Tabelle ein, wobei wir die umgebenden Anführungszeichen vernachlässigen und uns an die Konventionen der Programmiersprache *C* halten.

Wir können die einzelnen Tokenklassen in zwei größere Kategorien einteilen:

---

[1] In dem von uns durchgeführten Projekt kam hinzu, daß bereits ein Scanner für Pascal vorlag, bei dem der meiste Code wiederverwendet werden konnte.

1. Token mit Werten: hier besitzt ein Token nicht nur eine Klasse, die als Funktionswert des Scanners an den Parser zurückgegeben wird, sondern auch einen Wert, der üblicherweise in der globalen Variablen **yylval** abgelegt wird. Die folgende Tabelle zeigt die entsprechenden Tokenklassen.

Tokenklasse	**Tokenwert**
numerische Konstante	Wert der Konstanten
String-Konstante	Zeiger in die Symbol-Tabelle
Bezeichner (soweit nicht Schlüsselwort)	Zeiger in die Symbol-Tabelle

2. Token ohne Wert: hier ist die Rückgabe der Tokenklasse hinreichend, der Wert von **yylval** ist undefiniert. Hierunter fallen reservierte Worte, arithmetische und relationale Operatoren sowie Trennzeichen.

5.4 Die Grammatik für *LA*

Wir geben im folgenden die *LALR(1)*-Grammatik für die Sprache *LA* an, wobei wir auf die Formulierung der semantischen Aktionen verzichten. Sie bestehen allgemein im wesentlichen darin, einen entsprechenden Knoten im Syntaxbaum zu erzeugen und einen Zeiger darauf zurückzugeben. In dem Knoten wird jeweils vermerkt, durch welche Regel in der Grammatik er entstanden ist. So sieht z.B. die semantische Aktion für die Regel 1 folgendermaßen aus:

```
$$ = in_node(1, $3, $4, $6, NULL, NULL);
```

Es wird also ein Knoten konstruiert, bei dem notiert wird, daß er durch die Regel 1 erzeugt worden ist, der erste Unterbaum dieses Knotens besteht aus den Konstanten-Deklarationen, der zweite Unterbaum aus den Anweisungen des Programms und der dritte Unterbaum schließlich aus den Deklarationen für Unterprogramme, der vierte und der fünfte Unterbaum sind leer, was durch den leeren Zeiger `NULL` angedeutet ist.

5.4.1 Vorbereitende Anmerkungen

Einige Anmerkungen zur Erleichterung der Lektüre:

- Terminale Symbole sind *`SO GESCHRIEBEN`*.
- Startsymbol ist das Non-Terminal `la_program`.
- Die Befehle **`%left`** und **`%right`** geben die Assoziativität der Operatoren an. Gleichzeitig gibt die Reihenfolge der Operatoren ihre Präzedenz an — je später ein Operator ausgeführt wird, desto höher ist sein Vorrang (bekanntlich ist der Operator op linksassoziativ, wenn

  ```
  a op b op c
  ```

  als

  ```
  (a op b) op c
  ```

  ausgewertet wird).

- Die folgenden terminalen Symbole sind Abkürzungen:
  - *ID* steht als Abkürzung für die lexikalische Kategorie "Bezeichner"
  - *LE* steht für das Token "<="
  - *GE* steht für das Token ">="
  - *NE* steht für das Token "<>"
- Wir haben die Grammatik so aufgebaut, daß diejenigen Produktionen, die zu einem neu erscheinenden nicht-terminalen Symbol gehören, in der nächsten Regel aufgeführt werden.

Diese Grammatik hat ziemlich große Ähnlichkeit mit der Grammatik für die Sprache *Pascal* (vgl. [ASU86], A.2). Daher bietet sie keine großen Überraschungen, so daß es mit einer Ausnahme nicht nötig ist, die einzelnen Regeln näher zu kommentieren. Die Ausnahme ist die Regel 73,

```
expression_list:STRING.
```

Nach der Grammatik könnte der erste Parameter einer Routine eine Zeichenkette sein. Dies ist im allgemeinen nicht richtig, da lediglich die Standard-Prozedur **put** den Parameter-Typ Zeichenkette erlaubt. Auf der anderen Seite ist dies wohl der einzig vertretbare Ort, denn in den Regeln zu `expression` ist eine Alternative der Form

```
expression: STRING
```

ebenso fehl am Platz, weil in *LA* auf Zeichenketten keine elementaren Operationen definiert sind. Die Alternative zu unserem Vorgehen bestünde darin, den Scanner so intelligent zu machen, daß er die Anweisung

```
put(Zeichenkette)
```

erkennt. Dies erschien allerdings entschieden zu aufwendig, so daß wir uns zu der vorliegenden Lösung entschlossen haben. Die Attributierung wird dann später dafür sorgen, daß lediglich die Standardfunktion put mit einer Zeichenkette als Argument versehen wird.

5.4.2 Die Regeln

```
/* Die hier abgedruckte Grammatik kann direkt als Eingabe für yacc       */
/* verwendet werden.

%start la_program
%token AND ASSIGNOP BOOLEAN CASE CONST ELSE ELSEIF END
%token ESAC FALSE FI FUNCTION GE HOCH ID IF INTEGER
%token INTEGER_CONSTANT IS LE LOOP MAT NE NOT OF OR POINTS
%token PROCEDURE PROGRAM QUIT REAL REAL_CONSTANT
%token RETURN STRING THEN TRUE VAR VOID
```

```
%right   '='
%left    '+' '-'
%left    '*' '/'
%right   HOCH
%left    NOT
%%
la_program:                       /* Regel 1 */
          PROGRAM
          constant_declarations
          statement_sequence
          subprogram_declarations
          END PROGRAM
        ;

constant_declarations:            /* Regeln 2 - 3 */
          CONST some_definitions ';'
        |     /* epsilon */
        ;

some_definitions:                 /* Regeln 4 - 5 */
          ID '=' const_val
        | some_definitions ',' ID '=' const_val
        ;

const_val:                        /* Regeln 6 - 12 */
          ID
        | TRUE
        | FALSE
        | number
        | '+' number
        | '-' number
        | STRING
        ;

number:                           /* Regeln 13 - 14 */
          INTEGER_CONSTANT
        | REAL_CONSTANT
        ;

statement_sequence:               /* Regeln 15 - 16 */
          statement
        | statement_sequence statement
        ;

statement:                        /* Regeln 17 - 30 */
          VAR declaration_group ';'
        | variable ASSIGNOP expression ';'
        | ID ';'
```

```
        | ID '('expression_list')' ';'
        | CASE expression OF case_label_list default ';'
        | IF expression THEN statement_sequence
              conditional_statement ';'
        | LOOP statement_sequence END LOOP ';'
        | ID ';' LOOP statement_sequence END LOOP ID ';'
        | QUIT ';'
        | QUIT ID ';'
        | RETURN ';'
        | RETURN expression ';'
        | VOID ';'
        | ';'
        ;

declaration_group:                /* Regeln 31 - 32 */
         identifier_list ':'  declaration_type
        | declaration_group ',' identifier_list ':'
              declaration_type
        ;

identifier_list:                  /* Regeln 33 - 34 */
         ID
        | identifier_list ',' ID
        ;

simple_type:                      /* Regeln 35 - 37 */
         BOOLEAN
        | INTEGER
        | REAL
        ;

parameter_and_result_type:        /* Regeln 38 - 39 */
         simple_type
        | MAT
        ;

declaration_type:                 /* Regeln 40 - 41 */
         simple_type
        | MAT '[' simple_expression ',' simple_expression ']'
        ;

variable:                         /* Regeln 42 - 43 */
         ID
        | matrix
        ;
```

```
matrix:                         /* Regeln 44 - 49 */
          ID '[' simple_expression ',' simple_expression ']'
        | ID '[' '%' ',' simple_expression ']'
        | ID '[' simple_expression ',' '%' ']'
        | ID '[' simple_expression POINTS simple_expression ','
                 simple_expression POINTS simple_expression ']'
        | ID '[' '%' ',' simple_expression POINTS
                           simple_expression ']'
        | ID '[' simple_expression POINTS simple_expression ','
             '%' ']'
        ;

case_label_list:                /* Regel 50 */
          more_case_label_lists constant_list ':'
              statement_sequence
        ;

more_case_label_lists:          /* Regeln 51 - 52 */
          more_case_label_lists constant_list ':'
              statement_sequence
        |     /* epsilon */
        ;

constant_list:                  /* Regeln 53 - 54 */
          constant
        | constant_list ',' constant
        ;

constant:                       /* Regeln 55 - 56 */
          ID
        | INTEGER_CONSTANT
        ;

default:                        /* Regeln 57 - 58 */
          ELSE statement_sequence ESAC
        | ESAC
        ;

conditional_statement:          /* Regeln 59 - 60 */
          elseif_sequence ELSE statement_sequence FI
        | elseif_sequence FI
        ;

elseif_sequence:                /* Regeln 61 - 62 */
          elseif_sequence ELSEIF expression THEN
              statement_sequence
        |     /* epsilon */
        ;
```

```
subprogram_declarations:          /* Regeln 63 - 64 */
        subprogram_declarations subprogram_declaration
        |    /* epsilon */
        ;

subprogram_declaration:           /* Regeln 65 - 66 */
        FUNCTION ID arguments RETURN parameter_and_result_type IS
            constant_declarations statement_sequence END ID ';'
        | PROCEDURE ID arguments IS
            constant_declarations statement_sequence END ID ';'
        ;

arguments:                        /* Regeln 67 - 68 */
        '(' parameter_list ')'
        |    /* epsilon */
        ;

parameter_list:                   /* Regeln 69 - 70 */
        parameter_group
        | parameter_list parameter_group
        ;

parameter_group:                  /* Regeln 71 - 72 */
        identifier_list ':' parameter_and_result_type
        | VAR identifier_list ':' parameter_and_result_type
        ;

expression_list:                  /* Regeln 73 - 75 */
        STRING
        | expression
        | expression_list ',' expression
        ;

expression:                       /* Regeln 76 - 82 */
        simple_expression
        | simple_expression '=' simple_expression
        | simple_expression LE simple_expression
        | simple_expression GE simple_expression
        | simple_expression NE simple_expression
        | simple_expression '<' simple_expression
        | simple_expression '>' simple_expression
        ;
```

```
simple_expression:                    /* Regeln 83 - 88 */
          term
        | '+' term
        | '-' term
        | simple_expression '+' term
        | simple_expression '-' term
        | simple_expression OR term
        ;

term:                                 /* Regeln 89 - 92 */
          factor
        | term '*' factor
        | term '/' factor
        | term HOCH factor
        | term AND factor
        ;

factor:                               /* Regeln 94 - 102 */
          ID
        | ID '(' expression_list ')'
        | matrix
        | INTEGER_CONSTANT
        | REAL_CONSTANT
        | '(' expression ')'
        | NOT factor
        | TRUE
        | FALSE
        ;
```

Kapitel 6

Semantische Analyse

Auf die Überprüfung der syntaktischen Korrektheit des *LA* -Programms, die mit dem Aufbau des abstrakten Syntaxbaums einhergeht, folgt die semantische Analyse, die unter anderem die folgenden Aufgaben ausführt:

- Sie überprüft die Eindeutigkeit von Bezeichnern in einem Scope.
- Sie sammelt Informationen über die Gültigkeitsbereiche von Variablen.
- Sie überprüft die konsistente Verwendung von Objekten entsprechend ihrer Deklarationen für den jeweiligen Gültigkeitsbereich.
- Sie überprüft die Korrektheit der Typen von Operanden in Ausdrücken.
- Sie stellt die Typen der formalen Parameter von Prozeduren und Funktionen fest und prüft bei Prozedur- bzw. Funktionsaufrufen, ob aktuelle und formale Parameter typverträglich sind.
- Sie stellt die Typen der Rückgabewerte von Funktionen fest und überprüft die Erreichbarkeit von Return-Anweisungen in Funktionen.

Die Grenzen zwischen den Phasen der syntaktischen und semantischen Analyse sind — wie die zwischen einigen anderen Phasen des Übersetzungsprozesses auch — bisweilen fließend. Einige der genannten Aufgaben könnten durchaus vorgezogen werden, etwa die Behandlung der formalen Parameter von Unterprogrammen oder die Behandlung der Informationen über die Gültigkeitsbereiche von Objekten. Insofern ist die erfolgte Zuordnung zum Teil willkürlich; sie erwies sich jedoch angesichts der strikten Trennung der beiden Phasen und ihrer Realisierung durch verschiedene Arbeitsgruppen als vorteilhaft.

Die Schnittstellen zwischen den beiden Phasen sind die gemeinsam genutzten Datenstrukturen, die Symbol-Tabelle und der abstrakte Syntaxbaum. Die semantische Analyse erfolgt im wesentlichen in einem einzigen Durchlauf durch den abstrakten Syntaxbaum, dessen Knoten dabei attributiert, d.h. um für die Analyse notwendige Informationen ergänzt werden. In die Symbol-Tabelle, die bis dahin lediglich die Namen der Bezeichner des Programms (in Form von Zeigern in das Token-String-Feld, vgl. Abschnitt 2.6.1) enthält, werden dabei zum Beispiel die Informationen über Typen und Sichtbarkeitsbereiche von Variablen, über Prozeduren und ihre Parameter usw. eingefügt; wir werden dies bei der Beschreibung der Funktionen der semantischen Analyse weiter unten präzisieren. Zuvor wollen wir die Struktur der Knoten des Syntaxbaumes im Hinblick auf die Attributierung genauer betrachten.

6.1 Der abstrakte Syntaxbaum

Wir haben im vorigen Kapitel den Aufbau des Syntaxbaumes beschrieben und die Informationen, die seine Knoten tragen, angedeutet. Von diesen Informationen liefert die Syntax-Analyse nur diejenigen, die für den Aufbau des Baumes von Bedeutung sind: die Nummer der Regel, die einem Knoten zugeordnet ist, und die Zeiger auf die (sich aus der Regel ergebenden) Nachfolger im Baum. Die anderen Informationen werden nun in der semantischen Analyse gesammelt und als Attribute hinzugefügt. Wir wollen diese Attribute näher erläutern und legen dazu das folgende Bild zugrunde:

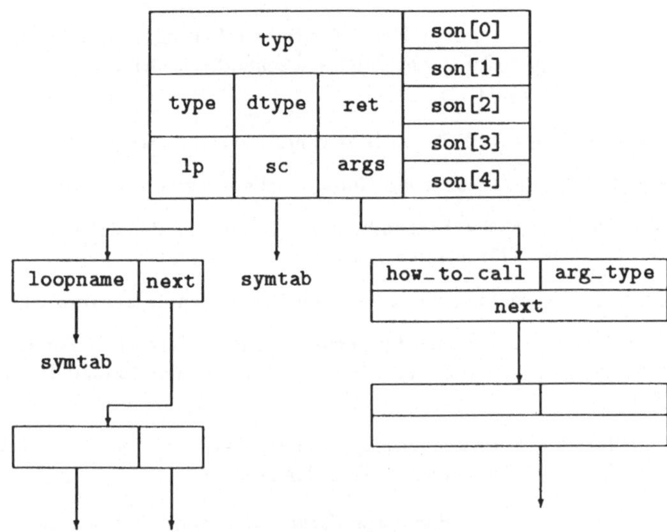

Die Struktur wird in *C* beschrieben durch

```
typedef struct N { int typ;
                   struct N * son[5];
                   int type, ret, dtype;
                   arg_node * args;
                   loop_node * lp;
                   Kn * sc;
                 } node_type;
```

Sie enthält in der Komponente **typ** die besagte Regelnummer und in **son[0],...,son[4]** die Zeiger auf die Nachfolger im Baum. Die anderen Komponenten haben folgende Bedeutung:

`type` *type*
: ist eine Typ-Identifikation für den Knoten: kann der linken Seite der dem Knoten zugeordneten Produktion ein Typ zugeordnet werden — man denke an Ausdrücke oder Zuweisungen —, so erhält das Feld in Abhängigkeit der `type`-Werte der Nachfolgerknoten den Ergebnistyp der durch die Produktion beschriebenen Aktion. Mögliche Werte sind die Datentypen arithmetischer und relationaler Operationen, also `INT`, `REAL`, `MAT` und `BOOL`; aber auch `STRING` kann (etwa bei der Deklaration einer String-Konstanten) als Wert auftreten. Die Werte werden durch ganze Zahlen verschlüsselt.

  Kann kein Typ zugeordnet werden, so deutet der Wert `VOID` an, daß eine semantisch korrekte Aktion vorliegt.

  Im Fehlerfall wird der Wert `TYPERR` zugeordnet. Er liegt dann vor, wenn bereits einer der Nachfolgerknoten im `type`-Attribut den Wert `TYPERR` hat, oder wenn die Operanden der durch die Produktion gegebenen Operation nicht verträglich sind; letzteres wird durch die Funktion `compatible` geprüft, die wir im Abschnitt6.3.4 beschreiben.

`dtype` *declaration type*
: bekommt den Typ zugeordnet, der sich bei der Deklaration von Variablen (Regel 31) unmittelbar ablesen läßt. Dieser Typ wird dann in die `type`-Felder der Variablen der zugehörigen Bezeichnerliste propagiert und mittels der Funktion `declare` in die Symbol-Tabelle übernommen; auch auf diese Funktion kommen wir im Abschnitt 6.3.2 noch genauer zu sprechen.

`sc` *scope*
: ist ein Zeiger auf die Umgebung des Knotens, die bekannt sein muß, um eventuelle Verschattungsprobleme zu lösen.

  Der Zeiger ist `NULL`, falls die durch den Knoten beschriebene Produktion zur Codesequenz des Hauptprogramms gehört. Im anderen Fall zeigt `sc` auf den Eintrag eines Unterprogramms in der Symbol-Tabelle.

`ret` *return*
: ist für Anweisungen ein Indikator, ob von dieser Anweisung aus ein **return**-Statement erreicht wird.

`lp` *loop*
: trägt die Information über die aktuelle Schleifenumgebung, die zur Überprüfung von **quit** `id`-Anweisungen nötig ist. `lp` zeigt auf eine verkettete Liste von Schleifennamen (in Form von Zeigern in die Symbol-Tabelle), die mit der innersten Schleife beginnt. Außerhalb von Schleifen wird `lp` auf `NULL` gesetzt.

`args` *arguments*
: zeigt bei Prozedur- bzw. Funktionsaufrufen auf eine Liste, die die Typen der aktuellen Parameter in der durch den Quellcode gegebenen Reihenfolge enthält. Diese Liste wird durch die Prozedur `check_proc` mit der entsprechenden Liste in der Symbol-Tabelle verglichen.

6.2 Die Hauptfunktion für die semantische Analyse

Da *LA* stark getypt ist und alle Objekte vor ihrer ersten Anwendung deklariert sind, ist es bis auf eine Einschränkung möglich, die semantische Analyse in einem einzigen Durchlauf durch den abstrakten Syntaxbaum zu bewerkstelligen. Diese Einschränkung bezieht sich auf die Unterprogramme: da nach der Syntax-Analyse außer der Eintragung des Namens in der Symbol-Tabelle keine Informationen über sie bereitstehen, sind Anweisungen mit Unterprogrammaufrufen im Hauptprogramm nicht unmittelbar attributierbar. Deshalb beginnt die Analyse mit einem Besuch der Kopfzeilen von Prozeduren und Funktionen (mittels der Funktion `attr_func`), bei dem

- die Bezeichner in der Symbol-Tabelle als Prozedur-/Funktionsname gekennzeichnet werden,
- für Funktionen der Typ des Rückgabewertes in die Symbol-Tabelle eingetragen wird,
- eine Liste der formalen Parameter angelegt wird, deren Elemente den Typ und die Übergabeart (*call by value/call by reference*) eines Parameters als Komponenten haben.

Nach dieser Vorarbeit kann der Syntaxbaum in einer Reihenfolge durchlaufen werden, die der durch den Quellcode gegebenen Ordnung entspricht. Diesen Durchlauf leistet die rekursive Funktion `attribute(node,flag)`, die im wesentlichen aus einer einzigen großen Fallunterscheidung besteht; die auszuführende Aktion bei einem Aufruf erfolgt in Abhängigkeit von der Regelnummer des aktuellen Knotens `node`. Der zweite Parameter `flag` ist eine Marke, die gesetzt wird, wenn ein Aufruf von `attribute` während der Ausführung von `attr_func` erfolgt: sie verhindert, daß die Parameter als definierte Bezeichner in die Symbol-Tabelle eingetragen werden.

Wir erläutern die Arbeitsweise von `attribute` im folgenden an einigen Beispielen:

6.2.1 Kopfzeile eines *LA* -Programms

Die Regel 1 definiert die Kopfzeile eines *LA* -Programms:

```
PROGRAM
     const_declarations
     statement_sequence
     subprogram_declarations
END PROGRAM
```

Der zugehörige Ausschnitt der Attributierungsfunktion lautet:

```
case 1:
  node->son[0]->sc = NULL;
  node->son[1]->sc = NULL;
  node->son[1]->lp = NULL;
  attr_func(node->son[2]);
  attribute(node->son[0],flag);
  attribute(node->son[1],flag);
  attribute(node->son[2],flag);
  break;
```

Im Knoten zur Regel 1, der Wurzel des Syntaxbaumes, zeigt son[0] auf die Konstantendeklarationen, son[1] auf den Hauptprogramm-Block einschließlich der Variablendeklarationen, und schließlich son[2] auf die Unterprogramm-Vereinbarungen. Für diese drei Nachfolger wird die Attributierungsfunktion in dieser Reihenfolge rekursiv aufgerufen. Zuvor jedoch werden in der beschriebenen Weise durch den Aufruf

```
attr_func(node->son[2]);
```

die Kopfzeilen der Unterprogramme bearbeitet, und es werden für die Attribute sc und lp Werte (hier jeweils NULL, denn die Umgebung ist das Hauptprogramm, und wir befinden uns in keiner Schleife) in die nächste Stufe propagiert.

6.2.2 Konstantendeklaration

Eine einfache Konstantendeklaration der Form

CONST ID '=' INTEGER_CONSTANT

berührt die Regeln 2, 4, 9, und 13; die folgende Abbildung zeigt die Struktur des durch die Deklarationen erzeugten Teilbaums:

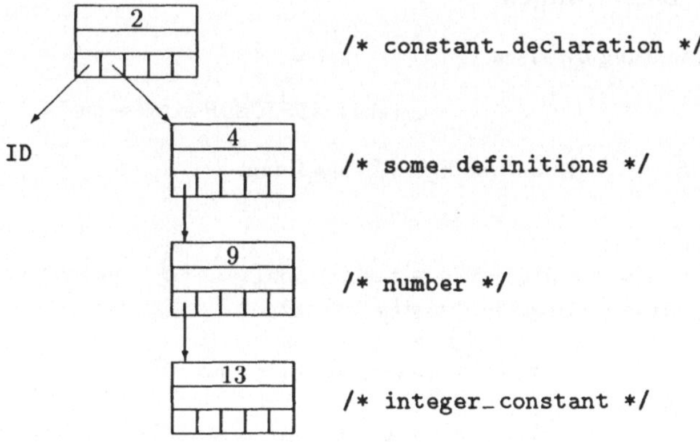

Die Anweisung wird semantisch wie folgt behandelt:

```
case 2:
  node->son[0]->sc = node->sc;
  attribute(node->son[0],flag);
  node->type = node->son[0]->type;
  break;
```

Die Umgebungs-Information wird nach unten propagiert; anschließend wird attribute rekursiv für den einzigen Nachfolger aufgerufen, von dem dann das type-Attribut übernommen wird. Der rekursive Aufruf führt zur Regel 4:

```
case 4:
  node->son[1]->sc = node->sc;
  attribute(node->son[1],flag);
  node->type = declare((Kn*)node->son[0], node->son[1]->type,
                                          CONST, node->sc);
  break;
```

Der Aufruf **attribute(node->son[1],flag)** bewirkt, daß über zwei Stufen, genauer nach Aufrufen der Attributierungsfunktion für die Regeln 9 und 13, der Typ **INT** in das **type**-Feld von **node->son[1]** geschrieben wird. Mit der Hilfsfunktion **declare** wird der Symbol-Tabellen-Eintrag zu *ID* (**(Kn*) node->son[0]**[1]) ergänzt um diese Typangabe, um die Kennzeichnung, daß es sich um eine Konstante handelt, und um die Angabe zum Gültigkeitsbereich. Der Typ wird als Funktionswert zurückgegeben, wenn kein Fehler auftritt. Die Funktion überprüft nämlich zugleich, ob in diesem Gültigkeitsbereich der Konstantenname eindeutig ist, und gibt, falls das nicht der Fall ist, den Wert **TYPERR** zurück mit einer entsprechenden Fehlermeldung. Werden mehrere Konstanten in einer Anweisung deklariert (Regel 5), so werden die beschriebenen Aktionen für jede Konstante ausgeführt.

6.2.3 Zuweisungen

Eine Zuweisung des Typs

variable *ASSIGNOP* expression ';'

erfordert eine etwas aufwendigere Behandlung:

```
case 18:
  node->son[0]->sc = node->son[1]->sc = node->sc;
  attribute(node->son[0],flag);
  if (node->son[0]->typ == 42)
          hptr = node->son[0]->son[0];
  else
          hptr = node->son[0]->son[0]->son[0];
  if ((check_const((Kn*)hptr, node->sc) != TYPERR)
       || (look_up((Kn*)hptr,node->sc == TYPERR))
          {
            node->type = TYPERR;
            err_str =
            ''Linke Seite einer Zuweisung muss Variable sein'';
            longjmp(env, val);
          }
  err_str = NULL;
  attribute(node->son[1],flag);
  node->type = compatible(node->son[0]->type,
                          node->son[1]->type, ASGNOP);
```

[1] Die Typ-Umwandlung **(Kn*)** dient hier und an einigen anderen Stellen dazu, einen Zeiger im Syntaxbaum als Zeiger auf einen Knoten in der Symbol-Tabelle zu interpretieren.

```
    if (node->type != TYPERR)
            node->type = VOID;
    else
            err_str = '' Falscher Typ wird zugewiesen!'';
    exit_stmts(node);
    break;
```

Hier wird zunächst wieder das sc-Attribut des Knotens in beide Nachfolger kopiert. Dann wird überprüft, ob sich hinter dem Bezeichner auf der linken Seite wirklich eine Variable verbirgt. Dazu wird node->son[0] attributiert. Ist dessen typ-Nummer gleich 42 (*ID*), so zeigt sein Nachfolger (entsprechend dem Bild im vorhergehenden Beispiel) auf den Namen; sonst ist es der Bezeichner einer Matrix, und man findet den Namen erst eine Stufe tiefer (vgl. Regeln 44-49). In beiden Fällen zeigt anschließend die Hilfsgröße hptr auf den Namen.

Mit den Funktionen check_const und look_up wird dann geprüft, ob es sich um eine Konstante handelt; in diesem Fall wird eine entsprechende Fehlermeldung verfaßt und die semantische Analyse über die *C*-Bibliotheks-Funktion longjmp, die einen direkten Rücksprung in das aufrufende Programm ohne den Umweg über den Rekursionsstack bewirkt, verlassen.

Ansonsten wird der andere Nachfolgerknoten, node->son[1], attributiert. Die Funktion compatible dient danach der Überprüfung, ob die beiden Seiten der Zuweisung typverträglich sind. In diesem Fall erhält das type-Attribut des Knotens den Wert VOID, sonst wird wieder eine Fehlermeldung erzeugt.

Die Funktion exit_stmts bewirkt abschließend den Übergang zur nächsten Anweisung des Blocks. Auch auf diese Funktion werden wir später noch genauer einzugehen haben.

6.2.4 Prozeduraufrufe

Prozeduraufrufe der Gestalt

ID '(' expression_list ')' ';'

werden wie folgt behandelt:

```
case 20:
  node->son[1]->sc = node->sc;
  attribute(node->son[1],flag);
  node->type = check_proc((Kn*)node->son[0], node->son[1]->args);
  exit_stmts(node);
  break;
```

Hier zeigt son[1] auf die Argumentliste, die nach Regel 75 der Grammatik aufgebaut ist. Diese wird zuerst attributiert, wobei als Wert des args-Attributs eine Liste der Parameter mit Typ und Übergabemodus erzeugt wird. Die Funktion check_proc prüft anschließend, ob der Name, den man über son[0] findet, wirklich ein Prozedurname ist, und ob die Liste der formalen Parameter in der Symbol-Tabelle mit der erzeugten Liste der aktuellen Parameter verträglich ist.

Wir wollen es bei diesen vier Beispielen bewenden lassen. Sie belegen den einfachen, durchsichtigen Aufbau der Attributierungsfunktion, die in ihrer Vorgehensweise an die Methode des ***rekursiven Abstiegs*** aus der Syntax-Analyse erinnert. Allerdings tritt hier eine Fülle von (durchaus nicht trivialen) Hilfsfunktionen hinzu, von denen wir einige bei der Behandlung der Beispiele schon genannt und in ihrer Wirkungsweise beschrieben haben, die wir nachfolgend jedoch noch einmal vollständig auflisten möchten.

Zuvor noch ein Wort zum Vorgehen im Fehlerfall: wir haben uns entschieden, bei Auftreten eines Fehlers die Analyse sofort abzubrechen und auf Versuche zu verzichten, sie trotz des Fehlers sinnvoll fortzusetzen. Der Benutzer erhält ein Programm-Listing als Ausgabe eines *pretty printers*, in das an der Fehlerstelle eine entsprechende Fehlermeldung eingefügt wird.

6.3 Hilfsfunktionen

Die Hilfsfunktionen lassen sich grob einteilen in

- solche, die den Kontrollfluß der semantischen Analyse steuern helfen,
- solche, die Informationen in die Symbol-Tabelle eintragen,
- solche, die Überprüfungen anhand der Informationen in der Symbol-Tabelle vornehmen,
- und sonstige Hilfsfunktionen.

Wir wollen bei unserer Beschreibung in dieser Reihenfolge vorgehen. Hierbei ist es hilfreich, den Code anhand der beigefügten Diskette zu studieren.

6.3.1 Die Funktionen `attr_func` und `exit_stmts`

Dies sind die Funktionen, die in gewisser Weise Einfluß auf den Kontrollfluß bei der semantischen Analyse nehmen. **`attr_func`** wird vor dem Beginn der eigentlichen Attributierung aufgerufen, um die Kopfzeilen der Unterprogramme zu bearbeiten; wir haben die Aufgaben dieser Funktion bereits oben beschrieben, vgl. Abschnitt 6.2.

Zur Funktion **`exit_stmts`** müssen wir eine Vorbemerkung machen: das rekursive Durchlaufen des abstrakten Syntaxbaums in der semantischen Analyse führt rasch zu nicht vernachlässigbaren Speicherplatzproblemen; um hier Abhilfe zu schaffen, wird an einer Stelle eine Optimierung vorgenommen, nämlich bei den Teilbäumen, die sich aus Regel 16 für Anweisungsfolgen ergeben. Solche Folgen (von n Anweisungen) erzeugen zunächst einen Teilbaum folgender Art:

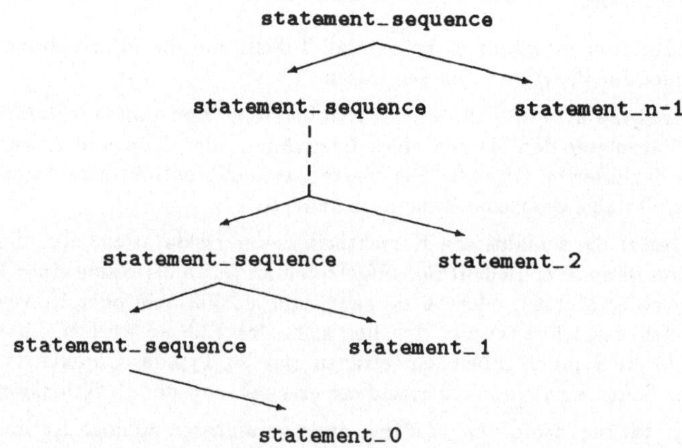

In diesem Baum tragen die mit `statement_sequence` beschrifteten Knoten keinerlei relevante Informationen. Es wirkt zudem unnatürlich, daß der Zugriff auf die erste Anweisung der Folge den längsten Zugriffspfad hat. Deshalb werden solche Anweisungsfolgen in eine lineare Struktur der Form

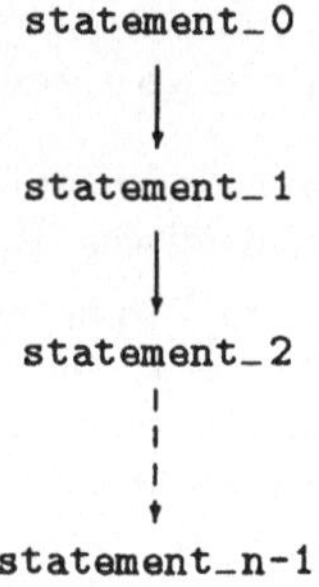

überführt. Die Verkettung erfolgt hierbei über die Komponenten `son[4]` der jeweiligen Knoten, die bei Anweisungen sonst nicht benötigt werden.

Die Funktion `exit_stmts` steuert nun den Kontrollfluß beim Durchlaufen dieser Anweisungsfolge. Sie wird am Ende der Attributierung eines `statement`-Knotens aufgerufen und stößt (mittels `attribute`) die Attributierung des Nachfolgers dieses Knotens an, an deren Ende mit einem erneuten Aufruf von `exit_stmts` zum Nachfolger in der Liste übergegangen wird. Diese Struktur der wechselnden Aufrufe von `attribute` und `exit_stmts` wird zugleich dazu genutzt, den Wert des `ret`-Attributs von unten nach oben zu propagieren: für die letzte Anweisung in der Folge wird das Attribut auf 0 gesetzt, bei Auftreten einer **return**-Anweisung zu 1 verändert. Im Übrigen übernimmt jeder Knoten den Attributwert von seinem Nachfolger, wobei in einigen Fällen, etwa für bedingte Anweisungen oder Fallunterscheidungen, gesondert zu untersuchen ist, ob der Wert für alle möglichen Zweige beibehalten werden kann.

6.3.2 Eintragungen in die Symbol-Tabelle

Die folgenden Funktionen ergänzen die Symbol-Tabelle um die Informationen, die sich aus den Deklarationen im Programm ablesen lassen.

Die Funktion `declare` wird im Falle einer Variablen- oder Konstantendeklaration aufgerufen. Sie erhält als Parameter den Namen eines Bezeichners, den Typ und einen Zeiger auf die Umgebung des deklarierten Objekts. Der vierte Parameter enthält eine Angabe darüber, ob es sich um eine Variable oder eine Konstante handelt.

Die Funktion testet die semantische Korrektheit dieser Deklaration, d.h. sie prüft, ob der Bezeichner schon in anderer Bedeutung aufgetreten ist (etwa als Name einer Funktion, einer Prozedur, oder einer Marke), oder ob sie gar schon als Variable oder Konstante im selben Gültigkeitsbereich deklariert wurde. Ist dies nicht der Fall, so werden die entsprechenden Informationen in die Symbol-Tabelle eingetragen und der Typ des Objekts als Funktionswert zurückgegeben. Sonst wird eine Fehlermeldung erzeugt, und der Funktionswert ist `TYPERR`.

Die Funktionen `define_func` bzw. `define_proc` veranlassen analoge Aktionen bei der Behandlung von Kopfzeilen von Unterprogrammen. Wird ein Token `id` als Funktionsname erkannt, so wird der zugehörige Symbol-Tabellen-Eintrag entsprechend gekennzeichnet. Weiter wird der deklarierte Rückgabetyp eingetragen — hierin liegt der einzige Unterschied zur Funktion `define_proc` — und es wird eine Liste erzeugt, die Typen und Übergabemodi der formalen Parameter enthält.

Ein Fehler liegt dann vor, wenn der Bezeichner bereits definiert ist; in diesem Falle ist eine entsprechende Meldung zu erzeugen.

6.3.3 Überprüfungen, die von der Symbol-Tabelle abhängig sind

Die folgenden Funktionen lesen Informationen aus der Symbol-Tabelle oder führen auf der Basis dieser Informationen semantische Überprüfungen durch.

Die Funktion `look_up` erhält als Parameter einen Bezeichner und dessen Gültigkeitsbereich; sie liefert als Resultat den Typ dieses Bezeichners. Die Funktion `check_func` prüft, ob ein gegebener Bezeichner ein Funktionsname ist und ob die formalen und die aktuellen Parameter verträglich sind. Dazu werden die Listen der formalen Parameter aus der Symbol-Tabelle und die entsprechende Liste der aktuellen Parameter, auf die das `args`-Attribut des Baumknotens mit dem Funktionsaufruf zeigt, elementweise mit der Funktion `compatible` auf ihre Typvertäglichkeit untersucht. Außerdem wird im Falle eines formalen **var**-Parameters die Referenzierbarkeit des aktuellen Parameters überprüft.

Einige Standard-Funktionen müssen gesondert behandelt werden, weil sie überladen sind. Bei **max** und **min** prüft man, ob genau zwei Argumente vorliegen und ob diese zum Typ **real** konvertierbar sind. Das Argument von **sqr** muß nach **real**, das Argument von **exp** zum Typ **mat** konvertierbar sein.

Auch die Funktion `check_proc`, das Analogon für Prozeduren, muß zwei Sonderfälle betrachten, nämlich die Ein-/Ausgaberoutinen **put** und **get**. Bei beiden darf nur genau ein Argument mitgegeben werden, und dieses darf im Falle von **get** keine Zeichenkette sein; diese Tests sind einfach auszuführen. In allen anderen Fällen arbeitet `check_proc` wie `check_func`. Zurückgegeben werden die Typen der Rückgabewerte bei Funktionen bzw. `VOID` bei Prozeduren.

Die beiden anderen Funktionen, die in diesem Zusammenhang zu nennen sind, sind einfacher: `check_const` prüft zu gegebenem Bezeichner und Scope, ob dieser Bezeichner in diesem

Gültigkeitsbereich eine Konstante ist. Ist dies der Fall, so wird der Typ der Konstanten, sonst TYPERR zurückgegeben.

Auch die Funktion check_mark erhält als Parameter einen Bezeichner und einen Gültigkeitsbereich. Sie prüft, ob der Bezeichner eine gültige Marke in dieser Umgebung sein kann; dazu muß die entsprechende Komponente des Symbol-Tabellen-Eintrags für den Namens frei sein. Ist dies der Fall, so wird dort die Kategorie MARK eingetragen und VOID als Funktionswert zurückgegeben.

6.3.4 Sonstige Hilfsfunktionen

Zur Überprüfung der Korrektheit von **quit**- bzw. **return**- Anweisungen dienen die Funktionen legal_quit bzw. legal_return.

Die erste überprüft, ob die Anweisung innerhalb einer Schleife steht. Sie benutzt dazu die Liste von Schleifennamen, auf die das lp-Attribut des zugehörigen Knotens zeigt. Folgt auf das **quit** kein Bezeichner als Marke, so soll die innerste Schleife verlassen werden; in diesem Fall ist zu prüfen, ob wir uns überhaupt in einer Schleife befinden, ob die Liste also überhaupt Elemente hat. Ist dagegen (in Form einer **quit** id-Anweisung) eine Marke angegeben, so wird die Liste durchlaufen und die Marke unter den Namen in der Liste gesucht.

Die Funktion legal_return erhält als Parameter einen Zeiger auf die Umgebung einer **return**-Anweisung und den Typ des zurückgegebenen Ausdrucks bei Funktionen bzw. VOID bei Prozeduren. Sie überprüft dann zum einen, ob die Anweisung in der Umgebung zulässig ist, d.h. ob sie wirklich innerhalb eines Unterprogramms steht, und zum anderen, ob der Typ dem in der Symbol-Tabelle eingetragenen Typ des Rückgabewerts entspricht.

Schließlich ist die Funktion compatible zu erwähnen. Sie erhält als Parameter die Typen zweier Operanden sowie die Bezeichnung einer Operation und prüft, ob die Operanden bezüglich dieser Operation typverträglich sind, eventuell nach einer notwendigen Konvertierung. Die Überprüfung erfolgt durch eine Fallunterscheidung, die arithmetische, relationale und Boolesche Operatoren getrennt behandelt, die Funktionen **min** und **max** als Sonderfälle berücksichtigt und schließlich den Zuweisungsoperator als wichtigen Fall untersucht; dieser kommt zum einen bei regulären Zuweisungen, zum andern aber auch beim Vergleich der Parameterlisten innerhalb der Funktion check_func bzw. check_proc zur Anwendung. Rückgabewert ist der Ergebnistyp der Operation oder TYPERR im Fehlerfall.

Wir erwähnen abschließend die Funktionen new_loop und make_args, die dazu dienen, neue Elemente zum einen an den Anfang der Liste der Namen der einen Knoten umgebenden Schleifen, zum anderen an das Ende der Parameterliste (in der Symbol-Tabelle oder als Attribut) einzufügen.

Kapitel 7

Code-Erzeugung

In diesem Kapitel wollen wir uns eingehender mit den Methoden der Code-Erzeugung für den LA-Compiler befassen.

7.1 Überblick

Als Eingabe in diese Phase haben wir den abstrakten Syntaxbaum (AST), dessen Knoten in der vorherigen Phase, nämlich der semantischen Analyse, ausgewertet worden sind. Insbesondere sind in dieser Phase berechnet worden:

- die Sichtbarkeitsbereiche für Bezeichner
- die Typen der Bezeichner in ihren einzelnen Sichtbarkeitsbereichen
- die Korrespondenz von Bezeichnern am Anfang und am Ende von Funktionen, Prozeduren und benannten Schleifen
- die Anzahl von Variablen in jedem Scope
- die Typen von Parametern und die Art ihrer Übergabe (*call by value* oder *call by reference*).

Da sich das vorliegende Kapitel mit der Erzeugung von Code für unsere hypothetische Maschine befaßt, wird der Leser für den Sprachumfang des Assemblers und Details seiner Anweisungen auf die Beschreibung der hypothetischen Maschine im Kapitel 8 verwiesen. Im vorliegenden Kapitel werden wir uns zunächst mit einigen technischen Einzelheiten befassen: hier geht es um die Manipulation der Symbol-Tabelle oder um die Erzeugung von Marken. Dies ist nötig, um die im Rest des Kapitels diskutierten Aspekte der Erzeugung von Code für ausgewählte Konstrukte von LA zu beschreiben: Wir gehen zunächst auf das Prinzip der Code-Erzeugung ein und diskutieren die Strategie zum Traversieren des abstrakten Syntaxbaums. Ein Spezialfall ist der der Erzeugung eines *pretty printing.* Wir diskutieren in diesem Kapitel die Erzeugung von Code für Konstanten- und Variablen-Deklarationen, für Ausdrücke und für Schleifen, hierbei werden die jeweils spezifischen Vorgehensweisen und Probleme angesprochen. Weiterhin beschreiben wir die Erzeugung von Code für die bedingte und für die fallgesteuerte Anweisung, dann erzeugen wir Code für die *Vereinbarung* von Unterprogrammen, um dafür vorbereitet zu sein, schließlich Code für den *Aufruf* dieser Unterprogramme erzeugen zu können.

7.2 Technische Vorbereitungen

7.2.1 Manipulation der Symbol-Tabelle

Die Symbol-Tabelle ist die zentrale Datenstruktur, in der sich die Informationen über Bezeichner und dgl. finden. An der Schnittstelle zwischen semantischer Analyse und Code-Erzeugung ist es nötig, einige Informationen, die aus dem Quelltext ableitbar sind, in die Symbol-Tabelle einzutragen. Hierbei geht es

- um die Werte von Konstanten und eine einfache Variante von Konstanten-Verbreitung
- um Typ-Informationen, die nötig sind, um ein Auseinanderklaffen zwischen gefordertem und tatsächlich vorhandenem Typ zu verhindern
- um die allgemeine technische Handhabung von Variablen und Konstanten.

Konstanten. In *LA* ist es nicht immer möglich, aus der Definition einer Konstanten direkt ihren Wert abzulesen. Trifft man etwa auf die Deklaration

const $x = y$

so muß es sich bei y um einen Bezeichner für eine Konstante handeln, der an dieser Stelle sichtbar ist. Über Typ und Wert von x kann an dieser Stelle nur gesagt werden, daß die Konstante in Typ und Wert mit y übereinstimmen muß. Es werden also an dieser Stelle die Kenntnisse über x an y weitergegeben, indem der Eintrag für x in der Symboltafel konsultiert wird und diese Informationen in den Eintrag für y übertragen werden.

Typ-Informationen. Die semantische Analyse hat ermittelt, welche Typen für Bezeichner vorhanden sein müssen; dies geschieht durch Analyse der Sichtbarkeit und der zugehörigen Deklarationen wie z.B. in der Regel 31:

`declaration_group` → `identifier_list` ':' `declaration_type`

Hier muß der aus *declaration_type* ermittelte Typ an die Elemente der Liste für die in dieser Deklaration vereinbarten Bezeichner weitergegeben werden. Analoges ist bei der Liste der formalen Parameter einer Unterprogramm-Vereinbarung durchzuführen. Zu einem späteren Zeitpunkt wird überlegt werden müssen, ob Typ-Wandlungen vorzunehmen sind, vgl. 7.3.2. Die hier geschilderten Überlegungen zur Propagierung von Typen werden jedesmal dann realisiert, wenn der verarbeitete Knoten von einer entsprechenden Regel herkommt, also z.B. von einer Regel zur Deklaration von Bezeichnern (Regel 31, 32) oder zur Deklaration der Liste formaler Parameter (Regel 71, 72).

Numerierung von Variablen und Konstanten. Der als Zwischencode verwendete Assembler hat die Eigenschaft, daß Konstanten und Variablen in ihm nicht über Namen angesprochen werden können, so daß die vom Programmierer verwendeten Bezeichner an dieser Stelle verlorengehen. Aus diesem Grunde ist es nötig, eine Beziehung zwischen den vom

Assembler verwendeten Werten und den vom Programmierer verwendeten Bezeichnern herzustellen. Hier bietet es sich an, Variablen und Konstanten in der Reihenfolge ihres (deklarierten) Auftretens durchzunumerieren und ausschließlich mit diesen Nummern zu arbeiten. Dies geschieht einmal im Hauptprogramm, zum anderen aber auch separat in jedem Unterprogramm. Im Hauptprogramm wird jede auftauchende globale Variable als solche gekennzeichnet und mit einer fortlaufenden Nummer versehen, Konstanten werden entweder in einem *.data*-Segment vereinbart (vgl. Abschnitt 7.2.2) oder über eine Marke in einem solchen Segment angesprochen; in jedem Fall werden sie als globale Konstante gekenneichnet. Bei Unterprogrammen geht man völlig analog vor, nur daß lokale Werte eben als lokal gekennzeichnet werden und daß in jedem Unterprogramm die entsprechenden Zähler auf Null zurückgesetzt werden.

7.2.2 Erzeugung von Marken

Marken dienen entweder als Ziele für bedingte oder unbedingt Sprünge bei der Realisierung von Kontrollstrukturen, oder dazu, einzelne Konstante ansprechen zu können.

Sprungziele

Sprungziele müssen im Assembler eindeutig charakterisiert sein, deshalb benötigen wir bei der Code-Erzeugung die Möglichkeit, Marken eindeutig zu erzeugen; hierbei ist es hilfreich, gewisse Konventionen im Hinblick auf die in den Marken zugelassenen Zeichen zu haben. Die Marken für Sprungziele werden unter Vorgabe eines Namens und ggf. einer Maximallänge erzeugt, wobei die Eindeutigkeit durch einen mitlaufenden Zähler gewährleistet wird, dessen Wert an die Marke gehängt und der nach Erzeugung jeder Marke erhöht wird.

Marken für Konstante

Wie oben ausgeführt, ist es nötig, die Werte von Konstanten in den Text so einzubetten, daß der verwendete Assembler sie verarbeiten kann. Dies geschieht, indem man diese Konstanten in ein *.data*-Segment einbettet und die darin enthaltenen Konstanten über Marken anspricht. Auch hier muß wieder die Eindeutigkeit der verwendeten Marken gewährleistet sein. Der Wert der Konstante kann dann einfach über die entsprechende Marke ermittelt werden.

Im folgenden Beispiel führt die Zuweisung

$x := 1.3$

für die als reell vereinbarte globale Variable x zu dem folgenden Code:

```
loadc L_00017_
.data
L_00017_ : .real 1.3
.text
storegreal 0
```

Die Variable x ist in unserem Beispiel die erste globale Variable und hat demzufolge die Nummer 0 bekommen; um die Zuweisung auszuführen, wird zunächst die unter *L_00017_* gespeicherte Konstante geladen, dann wird der entsprechende Speicherbefehl erzeugt. Die entsprechende Konstante ist in dem Bereich zwischen *.data* und *.text* zu finden: sie ist mit der Marke versehen, und ihr Wert ist mittels *.real* als reell gekennzeichnet.

Für jede Konstante wird ein solches zwischen *.data* und *.text* eingebettetes, mit einer Marke versehenes Segment erzeugt. Spätere Zugriffe auf diese Konstante beziehen sich dann jeweils auf diese Marke.

7.3 Die Durchführung der Code-Erzeugung

Nach Durchführung der semantischen Analyse liegt der dekorierte abstrakte Syntaxbaum vor. Dieser Baum wird nun im wesentlichen in *preorder* durchlaufen; der Durchlauf beginnt an der Wurzel, und in jedem Knoten wird durch die Regel der Grammatik, bei deren Reduktion der Knoten erzeugt worden ist, bestimmt, welche Aktionen vorgenommen werden. Abhängig von diesen Aktionen kann lokal für einzelne Knoten von *preorder* abgewichen werden. Wir werden nun für die folgenden Fälle die Code-Erzeugung in größerem Detail diskutieren:

- Konstanten- und Variablen-Vereinbarungen
- Auswertung von Ausdrücken
- Schleifen
- bedingte und fallgesteuerte Anweisungen
- Unterprogramm-Vereinbarungen
- Unterprogramm-Aufrufe.

Es sei an dieser Stelle darauf hingewiesen, daß auch Code für den Zeilendrucker als spezieller Maschine erzeugt werden kann: das *pretty printing* folgt im wesentlichen denselben Durchlauf-Prinzipien wie die Code-Erzeugung selbst. Es soll an einem kleineren Beispiel verdeutlicht werden: eine Anweisung der Form

if < *Bedingung* > **then** < *Anweisung_1* > **else** < Anweisung_2 > **fi**;

gibt Anlaß zu dem folgenden (vereinfacht dargestellten) Unterbaum im AST:

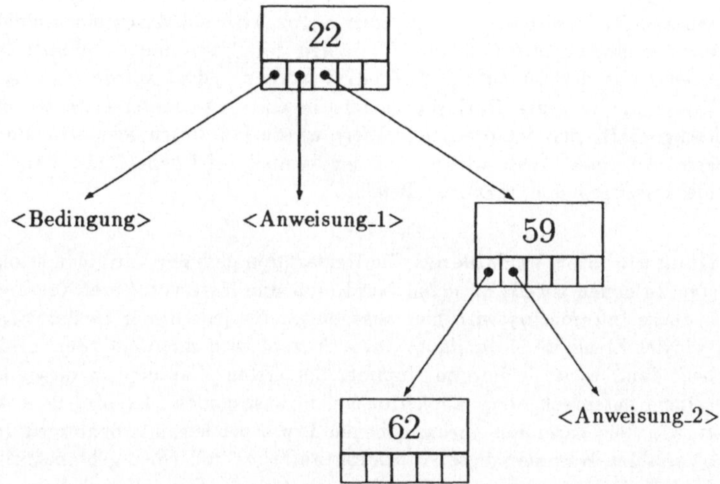

Beim Antreffen des Knotens mit der Nummer 22 wissen wir, daß es sich um eine bedingte Anweisung handelt, so daß wir das einleitende Schlüsselwort **if** ausgeben können und dann weiter den "Code" für das Ausdrucken der Bedingung erzeugen können; wenn wir damit fertig sind, kehren wir zum Knoten mit der Nummer 22 zurück und erzeugen den Druck-Code für das Ausdrucken von < *Anweisung_1* >. Danach muß der dritte Sohn des mit 22 gekennzeichneten Knotens durchlaufen werden, er trägt die Nummer 59, was der Regel

`conditional_statement` → `elseif_sequence` *ELSE* `statement_sequence` *FI*

entspricht. Dann müssen wir den Knoten für `elseif_sequence` durchlaufen, dann ein **else** ausgeben, anschließend den zweiten Sohn für `statement_sequence` durchlaufen und dann ein **fi** ausgeben. Da der erste Sohn des Knotens für `conditional_statement` die Nummer 62 trägt, wissen wir, daß die Folge der **elseif**-Zweige leer ist, so daß hier nichts erzeugt werden muß und wir nach dem Drucken von **else** gleich zum Druck der < *Anweisung_2* > schreiten und dann das **fi** ausgeben können.

Auf diese Art kann das *pretty printing* beim Durchlauf durch den AST erzeugt werden, wobei sich einige Feinheiten anschließen können, die sich mit Gestaltung und Länge der Zeilen und der Breite von Einrückungen befassen können.

7.3.1 Code für Konstanten- und Variablen-Deklarationen

Zur Deklaration von Konstanten und Variablen sind die folgenden vier Punkte genauer zu diskutieren:

- Speicherplatz-Reservierung
- Behandlung globaler Variablen
- Behandlung lokaler Variablen
- Deklaration von Konstanten.

In den folgenden Abschnitten wollen wir nun diese Punkte im einzelnen behandeln.

Speicherplatz-Reservierung. Für jeden Scope wird ein Assembler-Befehl erzeugt, der die Anzahl der globalen bzw. lokalen Variablen des Programm-Abschnitts festlegt. Diese Anzahlen sind aus der semantischen Analyse bekannt: dort wurde beim Auftreten eines neuen Bezeichners in einer Deklaration oder in einer Parameter-Liste ein entsprechender Zähler hochgezählt, der entsprechende Wert wurde für diesen Scope in die Symbol-Tafel eingetragen. An dieser Stelle wird er aus der Symbol-Tafel geholt und dient als Parameter für den hier auszugebenden `makevar`-Befehl.

Behandlung globaler Variablen. Die Deklaration globaler Variablen erfolgt in Deklarations-Listen, in denen jeweils mitgeteilt wird, daß eine Liste von Bezeichnern einen gewissen Typ hat. Diese Information wird hier ausgenutzt: für jede dieser Deklarations-Listen wird gezählt, wieviel Elemente sie umfaßt. Diese Anzahl wird mit dem `counter`-Befehl herausgeschrieben, dann wird die interne Nummer der ersten Variablen in dieser Liste ermittelt und mit einem entsprechenden Allokationsbefehl ausgegeben. Es wird dem Assembler also mitgeteilt, wie viele Variablen eines gegebenen Typs Speicherplatz benötigen und bei welcher internen Variablen-Nummer diese Allokation anfangen soll (hier geht natürlich die Eigenschaft ein, daß die Variablen fortlaufend numeriert sind). Das folgende Beispiel möge diesen Vorgang erläutern:

```
var
   d: integer;

d := 2;
var
   a, b, c: integer,
   x, y: real,
   r, s: mat[17, d];
```

Dieses kleine, aber sinnlose Programmbeispiel führt zur Erzeugung des folgenden Code:

`makevar` 8	`counter` 2
`counter` 1	`allocreal` 4
`allocint` 0	`loadc` $L_00001_$
`loadc` $L_00000_$	.data
.data	$L_00001_$: .int 17
$L_00000_$: .int 2	.text
.text	`loadg` 0
`storegint` 0	`counter` 2
`counter` 3	`allocmat` 6
`allocint` 1	

Es muß also Speicherplatz für acht Variablen erzeugt werden. Zunächst wird die ganzzahlige Variable d deklariert, das führt dazu, daß zunächst nur eine ganzzahlige Variable allokiert wird. Diese Variable trägt die Platz-Nummer 0. Die anschließende Zuweisung weist der Variablen d den Wert 2 zu, dann folgen weitere Variablen-Deklarationen; wir sehen, daß zunächst Speicherplatz für drei Variablen (a, b, c) allokiert wird, daß es sich hierbei um ganzzahlige

Variablen handelt, deren erste die Platz-Nummer 1 hat, daß dann zwei reelle Variablen (x, y) allokiert werden, bei Platz-Nummer 4 beginnend. Dann muß Speicherplatz bereitgestellt werden für die beiden Matrizen r, s, die beide 17 Zeilen und d Spalten umfassen. Dazu wird zuerst die Anzahl der Zeilen geladen (Daten-Segment zur Marke $L_0001_$), dann muß die Anzahl der Spalten geladen werden, die in der Variablen mit der internen Platz-Nummer 0 gespeichert ist. Anschließend kann wie vorher vorgegangen werden, es wird vermerkt, daß nun zwei Variablen allokiert werden müssen und daß es sich hierbei um die Liste der Variablen handelt, die mit der Platz-Nummer 6 beginnt.

Behandlung lokaler Variablen. Lokale Variablen werden nach den gleichen Prinzipien wie globale Variablen behandelt; es wird für jedes Unterprogramm die Anzahl der lokalen Variablen festgestellt, wobei auch formale Parameter mitgezählt werden. Es wird dem Assembler gesagt, wieviel Variablen zu allokieren sind, dann wird für jede Liste von Deklarationen gesagt, wieviel Elemente in dieser Liste sind und welche Anfangs-Nummer sowie welchen Typ die erste Variable in dieser Liste hat. Die Zählung dieser lokalen Objekte geschieht für jedes Unterprogramm bei 0, vgl. Seite 102.

Deklaration von Konstanten. Für jede Konstante wird ein *.data*-Segment erzeugt. In dieses Segment wird der Wert der Konstante geschrieben, dabei wird auch der Typ der Konstante angegeben, hierbei kann es sich um *.int*, *.real* oder *.string*-Konstanten handeln, die letzteren können zwar nicht von LA-Programmen explizit manipuliert werden, sie können jedoch als Parameter der **put**-Prozedur auftauchen. Die Konstante wird — wie oben angedeutet — mit einer Marke versehen. Diese Marke muß relativ zum gesamten Assembler-Programm eindeutig sein, da Namen von Konstanten überladen sein können.

7.3.2 Code-Erzeugung für Ausdrücke und Zuweisungen

In diesem Abschnitt befassen wir uns mit der Code-Erzeugung zur Auswertung von Ausdrükken und Zuweisungen.

Code zur Auswertung von Ausdrücken

Der Code für einen Ausdruck wird erzeugt, indem die Routine für die Code-Erzeugung den Unterbaum für den Ausdruck rekursiv traversiert. Hierbei hat jeder Unterbaum für einen Ausdruck zwei Söhne, wenn man von den Ausnahmen für unäres + sowie unäres – absieht. Der Typ des rechten und des linken Unterbaums stimmen nicht notwendig miteinander überein, so daß möglicherweise eine Typ-Konversion vorgenommen werden muß. Dazu wird für jeden Unterbaum der Typ der Wurzel bestimmt; die Informationen hierüber stammen aus der semantischen Analyse. Falls sie nicht übereinstimmen, werden die Typen konvertiert, sofern dies möglich ist. Dies wird überprüft, und im positiven Falle wird Code für die Typ-Konversion erzeugt (im negativen Falle wird die Code-Erzeugung abgebrochen).

Nachdem die Typ-Bestimmung erfolgt ist, kann Code für die Auswertung der einzelnen Unterbäume erzeugt werden. Hierbei sind einige Fälle zu unterscheiden, die abhängig sind von den verwendeten Operanden:

- Bei Matrix-Operationen (Regeln Nr. 44 - 49) werden die Ausdrücke einer Matrix-Anweisung rekursiv ausgewertet. Hierzu werden Gültigkeitsbereich, Typ und interne

Nummer des Matrix-Bezeichners ermittelt und ein entsprechender Lade-Befehl in den Assembler-Text geschrieben. Anschließend wird die entsprechende Operation für die Matrix ausgegeben.

- Bei Relationen, Ausdrücken, Termen und Funktions-Aufrufen (Regeln Nr. 77 - 93, 95, 96, 99, 100) wird zunächst durch rekursive Aufrufe Code für die Unterbäume erzeugt und Typ-Information über die Unterbäume zurückgegeben. Möglicherweise muß hierbei eine Typ-Konversion durchgeführt werden, wobei für zwei Typen stets der größere genommen wird, wenn die Typen in der Hierarchie **boolean**, **integer**, **real**, **mat** geordnet sind, und **mat** das "größte" Element ist. Abhängig von dem Ergebnis-Typ wird dann die entsprechende Assembler-Anweisung in den Text geschrieben (der Code für die Addition einer ganzen mit einer reellen Zahl würde zunächst die ganze Zahl in eine reelle verwandeln und dann den Assembler-Befehl `addreal` erzeugen).

- Bei der Behandlung von Konstanten (Regeln Nr. 94, 97, 98, 101, 102) werden die Lade-Anweisungen für die Bezeichner erzeugt, aber es finden natürlich keine weiteren rekursiven Aufrufe zur Auswertung von Unterbäumen statt. Vielmehr dienen diese Anweisungen als Ausgangspunkt für das Propagieren von Typ-Informationen.

Code zur Auswertung von Zuweisungen

Der Code für Zuweisungen besteht zunächst darin, den Ausdruck auf der rechten Seite der Zuweisung auszuwerten. Wie dies geschieht, haben wir gerade diskutiert. Dann muß Code für die Auswertung der linken Seite erzeugt werden. Dies ist problemlos bei einfachen Variablen, ist jedoch aufwendiger bei zusammengesetzten Variablen. Der Sprachdefinition folgend ist es erlaubt, auf der linken Seite einer Zuweisung Ausschnitte aus Matrizen zu haben. Hierbei kann es sich um ein einzelnes Matrixelement handeln, aber auch um Teilmatrizen, die zu Zeilen- oder Spaltenvektoren degeneriert sein können.

Für jeden dieser Fälle muß Code erzeugt werden: dies geschieht, indem zunächst Code für die Auswertung der Ausdrücke innerhalb der Matrix-Anweisung erzeugt wird; anschließend werden die interne Nummer, der Typ und der Scope des Matrix-Bezeichners ermittelt, wofür dann entsprechender Code erzeugt wird. Nach Abschluß dieser Arbeiten steht im Assembler-Text das folgende:

- der Code für die Auswertung der rechten Seite der Zuweisung,
- Anweisungen zur Typ-Umwandlung, falls nötig,
- Code für Auswertung der Ausdrücke innerhalb einer Matrix-Anweisung,
- ein Befehl zur Abspeicherung; dies ist ein lokaler oder globaler *store*-Befehl, der die Nummer des Bezeichners enthält.

Ein einfaches Beispiel möge das Vorgehen verdeutlichen:

```
const
    e = 1, a = 3, b = 5,
    c = 6, d = 10;
```

```
var
    x: mat[a, b], y: mat[b, c],
    z: mat[d, d];

z[ e .. a, e .. c ] := x * y;
```

Dies führt zur Erzeugung des folgenden Code (wir übergehen die Deklarations- und Allokations-Phase):

```
loadg 0           | loadc main_a
loadg 1           | loadc main_e
multmat           | loadc main_c
loadc main_e      | storegteilmat 2
```

Die beiden Matrizen x und y werden also geladen und miteinander multipliziert. Ihr Produkt steht danach oben auf dem Stack. Da eine Teilmatrix auf der linken Seite der Zuweisung steht, werden als nächstes die unteren und oberen Grenzen für die Zeilen bzw. für die Spalten dieser Teilmatrix bestimmt. Da es sich hierbei um Konstanten handelt, ist es ausreichend, diese Konstanten zu laden. Damit stehen nun über dem Matrixprodukt die begrenzenden Indizes für die Teilmatrix auf dem Stack. Der anschließende Befehl zum Abspeichern der Teilmatrix führt dann die eigentliche Zuweisung aus.

7.3.3 Code-Erzeugung für Schleifen

Nach der Sprachdefinition können Schleifen in *LA* benannt oder unbenannt sein; ein Schleifen-Name kann mehrfach verwendet werden (freilich müssen die durch den gleichen Bezeichner benannten Schleifen disjunkt sein). Eine Schleife kann mit **quit** verlassen werden. Wird **quit** ohne Namen verwendet, so muß es sich hierbei um eine unbenannte Schleife handeln. Hierbei wird im Zweifelsfalle die am weitesten innen stehende Schleife verlassen. Eine markierte Schleife kann nur durch eine solche **quit**-Anweisung verlassen werden, die den gleichen Namen wie die Schleife trägt. Aus diesen Überlegungen ergeben sich direkt die folgenden vier Aktionen, die bei der Code-Erzeugung für Schleifen durchgeführt werden müssen:

1. Markierung des Schleifenanfangs. Es wird für benannte und unbenannte Schleifen eine Anfangs-Marke erzeugt, die zur späteren Verwendung auf einen internen Stack gelegt und in den Assembler-Text geschrieben wird. Da ein Schleifenname mehrfach verwendet werden kann, wird die Marke zur eindeutigen Identifizierung mit einer Nummer versehen.

2. Verlassen einer unmarkierten Schleife. Wir haben oben gesehen, daß eine unmarkierte Schleife durch **quit** verlassen werden kann; falls man also feststellt, daß sich die **quit**-Anweisung in einer Schleife befindet, wird als Code ein Sprung an das Ende dieser Schleife erzeugt. Da stets die am weitesten innen liegende unbenannte Schleife verlassen wird, wird als Ziel für den Sprung die Marke der zuletzt betretenen unmarkierten Schleife verwendet.

3. Verlassen einer markierten Schleife. Die **quit**-Anweisung ist in diesem Fall um den Namen der Schleife ergänzt. Hiermit ist ein beliebiger Sprung aus verschachtelten Schleifen möglich. Also wird der Stack mit den Schleifennamen traversiert und danach durchsucht, ob sich der Kontrollfluß in einer Schleife mit dem angegebenen Namen befindet. Ein entsprechender Sprung wird generiert.

4. Markierung des Schleifenendes. Das Schleifenende wird mit einer Marke versehen, die eine eindeutige Identifizierung mit der Anfangsmarke erlaubt. Die Anfangsmarke wird vom Stack entfernt, denn die Schleife, die durch diese Marke identifiziert wird, ist ja soeben verlassen worden.

7.3.4 Code für bedingte und fallgesteuerte Anweisung

Die bedingte und die fallgesteuerte Anweisung sind von der Semantik her recht ähnlich, daher werden sie hier zusammen behandelt. Wir diskutieren zuerst die bedingte Anweisung und schildern dann die Code-Erzeugung für die fallgesteuerte Anweisung.

Die bedingte Anweisung

Sie besteht aus drei Komponenten: zunächst der Teil

if < Bedingung_1 > **then** < Anweisungsfolge_1 >,

darauf kann eine Folge von Komponenten der Form

elseif < Bedingung_i > **then** < Anweisungsfolge_i >

folgen und schließlich kann der default-Teil

else < Anweisungsfolge_0 >

folgen. Die bedingte Anweisung wird durch **fi** abgeschlossen. Nach der syntaktischen Beschreibung der Sprache kann sowohl der **elseif**- als auch der **else**-Teil fehlen. Die Semantik der bedingten Anweisung legt es nahe, diese Anweisung als eine Sprung-Kaskade mit eingestreuten Vergleichen und Anweisungen zu realisieren. Die eigentliche Aufgabe besteht also darin, Sprungziele zu erzeugen und sie zur rechten Zeit anzuspringen oder in den Assembler-Text zu schreiben. Natürlich muß auch Code für diejenigen Ausdrücke erzeugt werden, die die Ausführung der einzelnen Anweisungen bewachen. Die Code-Erzeugung selbst kann dann in die folgenden Schritte aufgeteilt werden:

1. Man erzeugt beim Eintritt in die bedingte Anweisung eine Marke, die später dazu dient, das Ende der bedingten Anweisung zu bezeichnen. Diese Marke wird allerdings erst in den Assembler-Text geschrieben, wenn das Ende dieser Anweisung auch tatsächlich erreicht ist.

2. Man erzeugt Code für die Auswertung der ersten Bedingung.

3. Falls ein **else**- oder **elseif**-Zweig existiert, so wird eine Marke erzeugt, die den Beginn dieses Zweiges markieren soll; diese Marke wird aber ebenfalls noch nicht in den Assembler-Text geschrieben. Man erzeugt einen Befehl **jumpcond** M und schreibt diesen Befehl in den Assembler-Text. Hierbei ist M die Marke für den ersten **elseif**-Zweig oder, falls ein solcher Zweig nicht existiert, für den **else**-Zweig. Der Effekt dieses Befehls ist ein Sprung zur Marke M, falls die oben ausgewertete Bedingung den Booleschen Wert **false** hat, und die keinen Effekt hat, falls diese Bedingung den Wert **true** liefert. Existiert keiner dieser Zweige, so wird ein Sprung zum Ende der bedingten Anweisung erzeugt und ausgeschrieben.

4. Der Code für die erste Anweisungsfolge wird erzeugt und ausgeschrieben.

5. Im Anschluß an die Code-Erzeugung für die Anweisungsfolge wird ein Befehl erzeugt und ausgeschrieben, der einen unbedingten Sprung an das Ende der bedingten Anweisung bewirkt.

6. Die unter Punkt 3 erzeugte Marke wird in den Assembler-Text geschrieben, damit liegt ein Sprungziel für den **else**- bzw. **elseif**-Zweig vor. Für jeden vorliegenden **elseif**-Zweig wird das oben geschilderte Vorgehen wiederholt. Falls solche Zweige nicht existieren oder alle Zweige abgearbeitet sind, wird die Marke für das Ende der bedingten Anweisung in den Assembler-Text geschrieben, und damit ist die Code-Erzeugung für die bedingte Anweisung beendet.

Das folgende Beispiel möge das Vorgehen bei der Code-Erzeugung für die bedingte Anweisung erläutern:

```
program

   const
      a = 3, s = a,
      b = 7, n = 0;

   var
      z: integer;

   z := a * a;
   if z > n then
      z := a;
   elseif z = n then
      z := b;
   else
      z := s;
   fi;

end program.
```

Wir geben im folgenden nur den für die bedingte Anweisung relevanten Code an:

```
loadg 0                      equint
loadc main_n                 jumpcond ELSE00002_
grtint                       loadc main_6
jumpcond IFCOND00001_        storegint 0
loadc main_a                 jump FI00000_
storegint 0                  ELSE00002_ :
jump FI00000_                loadc main_1
IFCOND00001 :                storegint 0
loadg 0                      FI00000_ :
loadc main_n
```

Der Code für den **if**-Teil besteht darin, zunächst die globale Variable 0 sowie die Konstante *main_n* zu laden und mittels `grtint` zu vergleichen. Fällt dieser Vergleich negativ aus, so wird (**jumpcond**-Befehl) zu der mit *IFCOND*00001_ markierten Anweisung gesprungen. Fällt der Vergleich dagegen positiv aus, so wird die Konstante *a* geladen und als Wert der globalen Variable 0 abgespeichert. Anschließend wird ein Sprung an das Ende dieser bedingten Anweisung erzeugt. Die anderen Zweige werden völlig analog abgearbeitet und sollen hier nicht weiter diskutiert werden.

Die fallgesteuerte Anweisung

Die fallgesteuerte Anweisung besteht syntaktisch aus der Kopfzeile

case expr_0 **of**,

die den Ausdruck enthält, mit dem die einzelnen Marken im Körper der Anweisung verglichen werden, den markierten Anweisungen

c1, ..., ck: < Anweisungsfolge_j >,

schließlich dem default-Zweig

else < Anweisungsfolge_0 >;

und dem abschließenden Schlüsselwort **esac**. Die Code-Erzeugung für diese Anweisung ist recht kanonisch: es muß zunächst Code für die Auswertung des Ausdrucks *expr_0* erzeugt werden, es müssen die einzelnen **case**-Fälle abgearbeitet werden, und es muß schließlich die **else**-Anweisung verarbeitet werden, falls sie vorhanden ist.

Bei der Bearbeitung der einzelnen **case**-Zweige muß der Tatsache Rechnung getragen werden, daß die Liste der Marken, die die jeweilige Anweisungsfolge bewachen, aus mehr als einem Element bestehen kann. Dies könnte durch eine bedingte Anweisung simuliert werden, was den erzeugten Code jedoch weder effizienter noch durchsichtiger machen würde und daher nicht geschieht. Der Assembler verfügt über einen Befehl **equcase**, der ein Argument n hat und wie folgt arbeitet: die obersten n Elemente auf dem Stack werden mit dem Element an der Stelle $n+1$ auf dem Stack verglichen, tritt an einer Stelle Gleichheit ein, so werden die obersten $n+1$ Elemente auf dem Stack durch den Wert **true** ersetzt, andernfalls durch den Wert **false**. Mit diesem Assembler-Befehl läßt sich nun Code für die fallgesteuerte Anweisung wie folgt erzeugen:

1. Es wird Code für die Auswertung der Anweisung erzeugt.
2. Jeder der einzelnen **case**-Zweige wird wie folgt abgearbeitet:
   (a) Es wird eine vorher erzeugte Marke in den Assembler-Text geschrieben, die bei der Programmausführung für den Fall als Sprungziel dient, daß der Vergleich im vorhergegangenen **case**-Zweig fehlgeschlagen ist.
   (b) Die Konstanten-Liste des in Rede stehenden Zweigs wird untersucht. Zunächst wird überprüft, ob die einzelnen Konstanten in dieser Liste lokal oder global zur Verfügung stehen und ob es sich um Bezeichner oder ganzzahlige Konstanten handelt. Abhängig vom Ergebnis dieser Überprüfungen wird der entsprechende Code ausgegeben: entweder die (lokale oder globale) Kontante steht bereits zur Verfügung und kann geladen werden oder sie muß erst in einen *.data*- Bereich eingetragen werden, bevor sie geladen werden kann.

(c) Dann folgt der Code zum Test der Konstanten und ein Sprung zum nächsten **case**-Zweig, falls dieser Test fehlschlägt. Der Test wird durchgeführt durch den Assembler-Befehl `equcase`, gefolgt von der Anzahl der Konstanten in der Liste, und der Sprung wird wie üblich durch `jumpcond` angedeutet.

(d) Der Code für die Anweisungen dieses Zweiges wird erzeugt und in den Assembler-Text geschrieben. Abschließend wird ein unbedingter Sprung zur Endmarke für die gesamte **case**-Anweisung erzeugt.

3. Ist ein **else**-Zweig vorhanden, so wird für diesen Zweig Code erzeugt und ausgeschrieben.

Das folgende Beispiel möge die Erzeugung von Code für die fallgesteuerte Anweisung erläutern:

```
program

   const
      a = 3, s = a,
      b = 7, n = 0;

   var
      z: integer;

   z := a * a;
   case z + s of
      a, 17:
         z := a |
      b, n:
         z := b;
   else
         z := s;
   esac;

end program.
```

Der hier interessierende Teil des erzeugten Codes sieht folgendermaßen aus:

```
loadg 0                  | L_00002_ :
loadc main_s             | loadc main_b
addint                   | loadc main_n
L_00000_ :               | equcase 2
loadc main_a             | jumpcond L_00003_
loadc L_00001_           | loadc main_b
.data                    | storegint 0
L_00001_ : .int 17       | jump L_00000_end
.text                    | L_00003_ :
equcase 2                | loadc main_s
jumpcond L_00002_        | storegint 0
loadc main_a             | L_00000_end : clearstack 0
storegint 0              | stopprog
jump L_00000_end         |
```

Die erste globale Variable *z* wird geladen, ebenso die Konstante *main_s*, beide werden addiert, die Summe steht auf dem Stack. Um den Wert dieses Ausdrucks mit den Konstanten der ersten Liste vergleichen zu können, wird die Konstante *main_a* und die durch ein *.data*-Segment vereinbarte Konstante 17 geladen. Da es sich hier um eine Konstanten-Liste der Länge 2 handelt, also mit zwei Werten verglichen werden muß, findet sich im Code die Anweisung **equcase** 2. Fällt dieser Vergleich negativ aus, wird zur angegebenen Marke *L_00002_* gesprungen, fällt er positiv aus, wird die Konstante *main_a* geladen und als Wert der Programmvariablen *z* gespeichert. Dieser Zweig wird durch einen Sprung zur Marke *L_00000_end* abgeschlossen , der die fallgesteuerte Anweisung beendet, indem der Stack gesäubert wird. Im nächsten und im **else**-Zweig wird analog vorgegangen.

7.3.5 Code-Erzeugung für Unterprogramme

In diesem Abschnitt werden wir uns zunächst mit der Erzeugung von Code für die Vereinbarung von Unterprogrammen und dann für deren Aufruf befassen.

Unterprogramm-Vereinbarungen

Der Code für die Vereinbarung von Unterprogrammen besteht im wesentlichen aus dem Code für die Anweisungen, die dieses Unterprogramm ausmachen. Diese vereinfachte Sicht muß freilich durch einige ergänzende Bemerkungen verfeinert werden.

Beim Antreffen der Vereinbarung für eine Funktion wird der Ergebnistyp der Funktion aus der Deklaration bestimmt. Der Eintrag für den Namen der Funktion in der Symbol-Tabelle wird mit der Information versehen, daß es sich um eine Funktion mit dem gerade bestimmten Ergebnistyp handelt. Als nächstes wird die Umgebung davon in Kenntnis gesetzt, daß gegenwärtig ein Unterprogramm bearbeitet wird. Dessen Name wird in eine globale Variable kopiert, die zur Erzeugung von Marken herangezogen wird. Anschließend werden die Zähler zurückgesetzt, die dazu dienen, die lokalen Variablen und Konstanten durchzunumerieren. Die Numerierung lokaler Objekte beginnt mit den formalen Parametern und fängt bei 0 an. Diese internen Nummern dienen auch dazu, die formalen Parameter über ihre Position anzusprechen. Sind n formale Parameter vorhanden, so hat die erste lokale Variable die Platz-Nummer n. Von diesem Wert beginnend werden anschließend die lokalen Variablen durchnumeriert, und es wird Code wie bei globalen Variablen für ihre Allokation erzeugt.

Nachdem diese Vorarbeiten durchgeführt worden sind, kann Code für das Unterprogramm erzeugt werden. Dies geschieht in den folgenden Schritten:

- Es wird eine Marke mit dem Namen des Unterprogramms erzeugt und in den Assembler-Text geschrieben. Darauf folgen die *.data*-Segmente für die lokalen Konstanten und die Anweisungen zur Speicherallokation der lokalen Variablen.
- Es wird Code für die Anweisungen in dem Unterprogramm erzeugt.
- Es wird für Prozeduren explizit eine Rücksprung-Anweisung erzeugt. Dies ist für Funktionen nicht nötig, da die Sprachdefinition explizit vorschreibt, daß bei ihnen eine **return**-Anweisung vorhanden und erreichbar ist.

Unterprogramm-Aufrufe

Der Code für Unterprogramm-Aufrufe wertet zunächst die aktuellen Parameter aus; zur Auswertung gehört die Bestimmung des Typs — für jeden Parameter wird an dieser Stelle überprüft, ob er den Typ hat, den das Unterprogramm erwartet. Der zu erwartende Typ ist natürlich durch die Deklaration des Unterprogramms während der semantischen Analyse in die Symbol-Tabelle eingetragen worden und daher bekannt. Stimmen die Typen nicht überein, so muß Code zur Typkonversion erzeugt werden, falls dies möglich ist, andernfalls wird die Bearbeitung abgebrochen. Nehmen wir an, daß die Auswertung der aktuellen Parameter einschließlich der Typüberprüfung erfolgreich war, so wird der Parameter auf den Stack der Laufzeit-Umgebung kopiert, wobei wieder Bezug auf die interne Nummer des Parameters genommen wird. Die Art der Parameter-Übergabe bestimmt dabei den verwendeten Kopierbefehl: es wird mit `copy` für *call by value* und mit `copypointer` kopiert, wenn mit *call by reference* übergeben wird.

Nach diesen Vorbereitungen kann das Unterprogramm aufgerufen werden. Handelt es sich um eine vom Benutzer definierte Prozedur oder Funktion, so wird der Assembler-Befehl `call` ausgeschrieben, als Argument wird der Name des Unterprogramms herangezogen, wird jedoch eine Standardfunktion aufgerufen, so muß unterschieden werden, ob diese Funktion überladen wird oder nicht. Überladene Funktionen können in *LA* Argumente verschiedener Typen bearbeiten, ohne daß notwendig eine Konversion durchgeführt wird. Wir diskutieren überladene Funktionen in einem kleinen Augenblick. Wird eine Standardfunktion aufgerufen, die nicht überladen ist, so wird der Befehl `callstd` ausgeschrieben, der wieder als Argument den Namen des Unterprogramms hat.

Der im Assembler aufgerufene Name überladener Funktionen hängt vom Typ des Arguments ab; so wird etwa die Standardfunktion **put** mit einer Zeichenkette als Argument im Assembler als `putstring` aufgerufen. Der Typ des Parameters läßt sich aus dem vorhergehenden eindeutig bestimmen, so daß bei den Unterprogrammen **exp**, **get**, **put**, **sqr** der entsprechende Aufruf ohne Probleme emittiert werden kann. Ein wenig mehr Überlegung ist bei den Unterprogrammen **max** und **min** vonnöten, da diese beiden Funktionen zwei Argumente haben. Hier wird der in der Typhierarchie "größte" Typ der beiden Parameter ermittelt, vgl. Seite 96. Dieses Typmaximum wird dann zur eindeutigen Bestimmung des Funktionsnamens für den Assembler verwendet.

Ein Beispiel möge die Code-Erzeugung für Unterprogramme verdeutlichen: Der folgende Code berechnet die ersten zwanzig Fibonacci-Zahlen.

```
program

   const
      null = 0, eins = 1, zwanzig = 20;

   var
      i, x: integer;

   i := eins;
   loop
      x := fib(null, eins, i);
      i := i + eins;
      if i > zwanzig then quit; fi;
   end loop;
```

```
function fib (a, b, c: integer) return integer is

    const
        one = eins;

    var
        x, y: integer;

    if c ≤ eins then
        return b;
    else
        x := a + b; y := c - one;
        return fib(b, x, y);
    fi;

end fib;

end program.
```

Das Unterprogramm *fib* wird in die folgenden Assembler-Anweisungen übersetzt

```
.data                          addint
fib_one : .int 1               storelint 3
.text                          loadl 2
fib :                          loadc fib_one
counter 2                      subint
allocint 3                     storelint 4
loadl 2                        makevar 5
loadc main_eins                loadl 1
leqint                         copyint 0
jumpcond IFCOND00003_          loadl 3
loadl 1                        copyint 1
ret                            loadl 4
jump FI00002_                  copyint 2
IFCOND00003_ :                 call fib
loadl 0                        ret
loadl 1                        FI00002_ :
```

Die lokale Konstante *one* wird vor den eigentlichen Text des Unterprogramms in ein eigenes *.data*-Segment geschrieben, hierauf folgt der Code für die Funktion *fib*. Es wird zunächst Speicherplatz allokiert für die beiden lokalen Variablen x und y. Hierauf folgt der Code für die bedingte Anweisung, die überprüft, ob der dritte formale Parameter den globalen Wert 1 überschreitet oder nicht. Falls er es nicht tut, wird die lokale Variable mit der Platz-Nummer 1, also der formale Parameter b, auf den Laufzeit-Stack geladen und die `ret`-Anweisung durchgeführt, sonst werden die lokalen Variablen x und y berechnet, der rekursive Aufruf wird durch die Anweisung `makevar` vorbereitet. Es werden fünf Variable allokiert, und es ist zu sehen, wie das erste Argument des Aufrufs aus dem zweiten aktuellen Parameter das zweite Argument des Aufrufs aus der Variablen x mit der Platz-Nummmer 3 und das dritte Argument des Aufrufs mit der Variablen y mit der Platz-Nummer 4 durchgeführt wird. Da alle Parameter durch *call by value* übergeben werden, werden die entsprechenden Werte mit `copyint` kopiert. Nach der Bereitstellung der aktuellen Parameter wird die Funktion *fib* aufgerufen und der gegenwärtige Funktionsaufruf wird durch Ausführung von `ret` beendet.

Kapitel 8

Die abstrakte Maschine

Aus Gründen der Portabilität und der Verständlichkeit wählen wir eine idealisierte Maschine als Zielmaschine. Der Befehlssatz dieser Maschine kann dann entweder durch geeignete Programme simuliert werden (dann wird die Maschine interpretiert), oder es kann bei vorgegebener konkreter Zielmaschine in einem zweiten Übersetzungsschritt aus dem Code für die Maschine Zielcode für die konkrete Zielmaschine erzeugt werden. Beide Lösungen erlauben die Erzeugung portabler Compiler, wenn auch diese Bequemlichkeit möglicherweise mit weniger effizient ablaufenden Programmen bezahlt werden muß. In unserer Lösung wird die Maschine interpretiert, so daß wir uns nicht mit Eigentümlichkeiten der physikalischen Zielmaschine beschäftigen müssen. Die Konstruktion eines interpretierenden Programms wird in Abschnitt 8.3 diskutiert.

Wir schildern in diesem Abschnitt die Architektur und den Befehlssatz der abstrakten Maschine, die als Stack-Maschine konzipiert ist, und die an die vorgegebenen Verhältnisse (Operationen mit Matrizen) angepaßt worden ist. Dabei bedienen wir uns zur Beschreibung im wesentlichen der Notation der Programmiersprache *C* .

Eine Stack-Maschine besitzt als zentrale Datenstruktur einen Stack, auf dem sich konzeptionell Operanden und Operationen befinden. So kann man die Berechnung von

```
x:= 2 + y
```

mit einer Stackmaschine wie folgt darstellen:

`constpush 2`	Konstante 2 kommt auf den Stack
`varpush y`	die Variable y liegt nun oben
`add`	die oberen beiden Positionen auf dem Stack werden durch ihre Summe ersetzt
`assign x`	Abspeichern des obersten Elements
`pop`	Entfernen des obersten Elements

8.1 Speicherverwaltung und *activation records*

Die hier betrachtete Stack-Maschine ist etwas komplizierter. Der Stack, auf dem die Maschine aufsetzt, ist in drei separate, selbst wieder als Stacks organisierte Regionen unterteilt: den

Arithmetik-Stack, den Typen-Stack und den Daten-Stack. Schließlich wird noch der Heap zur Verwaltung dynamisch angelegter Daten benötigt. Der Arithmetik-Stack enthält Zeiger auf Variablen, die sich auf dem Heap befinden, im Typen-Stack sind Angaben über die Typen der Variablen, deren Zeiger im Arithmetik-Stack abgelegt sind, zu finden. Der Daten-Stack wird im wesentlichen für die Verwaltung von *activation records* verwendet. Schließlich wird der Code gespeichert, so daß sich das folgende Bild ergibt

Code-Segment
Arithmetik-Stack
Typen-Stack
Daten-Stack ↓
freier Bereich
↑ Heap

Der Daten-Stack und der Heap wachsen aufeinander zu, so daß gelegentlich Speicher bereinigt werden muß. Wir kommen darauf zurück, vgl. 8.2.13. Das Code-Segment ist in einem Feld `Cd` abgespeichert und `Cd[PC]` gibt die jeweils aktuelle Instruktion an. `PC` ist der *program counter* und wird zu `0` initialisiert, `stopprog` ist der Befehl, die Ausführung des Programms zu beenden. So ist die Arbeitsweise der Maschine kompakt in an *C* angelehnte Notation zu beschreiben durch

```
PC = 0;
do
{
    führe die Anweisung in Cd[PC++] aus
}
while ( Anweisung ≠ stopprog );
```

Die für die Ausführung der Anweisungen notwendigen Informationen finden sich im Code-Segment, in den Stacks und im Heap; das wird weiter unten genauer beschrieben.

Ein Gültigkeitsbereich ist konzeptionell eine Programm-Region, die die Sichtbarkeit von Namen bestimmt. Dies kann eine Prozedur sein (Sichtbarkeit der Parameter), aber auch der Programm-Text in einer Prozedur vom Antreffen einer Deklaration bis zu ihrem Ende. Aus Gründen der größeren Einfachheit erzeugen wir Code so, daß Gültigkeitsbereiche mit Prozeduren zusammenfallen (so daß mitten im Text einer Prozedur stehende Deklarationen zu einem Deklarationsteil am Anfang der Prozedur zusammengefaßt werden). Semantische Überprüfungen bleiben hiervon unberührt. Wir legen für jeden Gültigkeitsbereich `Q` einen *activation record* an, der beim Eintritt in `Q` auf den Datenstack gelegt wird und die lokalen Informationen für `Q` verwalten soll. Dies ist z.B. dann nötig, wenn `Q` einer Prozedur entspricht, die ihrerseits eine Prozedur `R` aufruft; die lokalen Objekte für `R` müssen vor Eintritt in `R` wieder in ihre alten Rechte eingesetzt werden. Wir diskutieren zunächst Prozeduren. *LA* hat ein recht einfaches, an *C* orientiertes Konzept für Prozeduren, daher genügt es, in einem *activation record* für eine Prozedur Q die folgenden Informationen zu speichern (vgl. 2.6.4)

- die Adresse des *ar* für den dynamischen Vorgänger von `Q`,
- Angaben über die lokalen Variablen von `Q`,
- den Programmzähler beim Eintritt in`Q`.

Da zur Laufzeit die Größe aller Variablen bekannt ist, kann jeder *activation record* die Werte lokaler Objekte bei sich tragen. Es erweist sich für unsere Diskussion als nützlich, einen *activation record* in einen statischen und einen dynamischen Teil aufzuteilen — der statische Teil enthält die Komponenten, die bereits zur Übersetzungszeit feststehen, auch wenn ihre Werte erst zur Laufzeit ermittelt werden, der dynamische Teil diejenigen, die erst zur Laufzeit eingetragen werden können. Der statische Teil enthält dann

- einen Zeiger auf den *activation record* des dynamischen Vorgängers,
- den Programmzähler `PC`,
- Zeiger auf die Werte lokaler Variablen.

Der dynamische Teil enthält die Werte für die lokalen Variablen selbst. Es ist günstig, wenn der *activation record* auch einen Zeiger auf die lokalen Variablen des dynamischen Vorgängers enthält, weil dann die Rückkehr von einem Prozeduraufruf effizienter gehandhabt werden kann. Damit hat ein *ar* folgende Struktur:

Variable p1
Variable p0
Zeiger auf Variable p1
Zeiger auf Variable p0
PC
Zeiger auf lokale Variablen des Vorgängers
Zeiger auf *activation record* des Vorgängers

Die Werte der lokalen Objekte werden eingetragen, wenn der *activation record* auf den Stack gelegt wird, so daß spätestens zu diesem Zeitpunkt statischer und dynamischer Teil des *activation record* insgesamt bekannt sein müssen.

Im folgenden werden lokale Variablen durch `baselok` referenziert (so daß `baselok[i]` ein Zeiger auf die $(i+1)^{te}$ lokale Variable eines *activation record* ist). In Prozeduren muß auf globale Variablen zugegriffen werden können; dies geschieht durch ein Feld `baseglob`, also ist `baseglob[i]` ein Zeiger auf die $(i+1)^{te}$ globale Variable.

Die Typen der Variablen werden im Typen-Stack `TpStack` abgelegt. Es werden die folgenden Typ-Kennzeichnungen verwendet.

`inttyp` für ganze Zahlen und Boolesche Werte
`realtyp` für reelle Zahlen
`mattyp` für Matrizen.

Alle Variablen werden auf dem Heap abgespeichert, Verweise auf die Variablen werden im Arithmetik-Stack **ArStack** abgelegt. **ArStack** und **TpStack** arbeiten parallel: TpStack[i] ist der Typ des Objekts, auf das ArStack[i] zeigt, so daß ein Stack-Zeiger TOS (*top of stack*) ausreicht, um beide Stacks zu adressieren. Wir nehmen an, daß jede Speicherzelle im Heap eine ganze Zahl aufnehmen kann; für relle Zahlen werden zwei Speicherzellen benötigt. Matrizen werden zeilenförmig abgespeichert, wobei die Anzahl der Spalten und der Zeilen vermerkt werden muß: beginnt der Speicherbereich für die Matrix m bei der Adresse S, so steht unter der Adresse S die Anzahl der Zeilen, unter der S+1 die Anzahl π_m der Spalten von m, und m[i,j] ist unter der Adresse

$$\texttt{Adr(m,i,j):= S+1 + 2*((i-1)*}\pi_m \texttt{ + j)}$$

zu finden, also

$$\texttt{Heap[Adr(m,i,j)] = m[i,j]}.$$

Wir diskutieren nun die einzelnen Befehle unserer Maschine; die exemplarisch beschriebene Arbeitsweise verdeutlicht, wie diese Befehle vom Interpreter behandelt werden.

8.2 Die Befehle der Maschine

8.2.1 Arithmetik

Die Arithmetik wird durch die folgenden Befehlsgruppen beschrieben.

addint: Addition zweier ganzer Zahlen:

```
*ArStack[TOS-2] = *ArStack[TOS-2] + *ArStack[TOS-1]
TOS = TOS-2
TpStack[TOS] = inttyp
TOS = TOS+1
```

In analoger Weise arbeiten: addreal, subint, subreal, multint, multreal, powerofint, powerofreal, divint (ganzzahlige Division), divreal. Für Matrizen sind definiert: addmat, submat, multmat, multscalmat, scalmultmat, powerofmat. Als Beispiel sei die Addition der Matrizen m_1 und m_2 mit multmat angegeben:

sp_1 = Zeilen von m_1
zl_1 = Spalten von m_1
$sp_2 = \ldots$
$zl_2 = \ldots$ — analog
α = Anfangsadresse für das Resultat m
$\texttt{Heap}[\alpha] = zl_1$
$\texttt{Heap}[\alpha+1] = sp_2$
$\texttt{Heap[Adr(m,i,j)]} = \sum_k \texttt{Heap[Adr}(m_1,i,k)] * \texttt{Heap[Adr}(m_2,k,j)]$
$(1 \leq i \leq zl_1,\ 1 \leq j \leq sp_2)$
TOS = TOS-2
ArStack[TOS] = α
TpStack[TOS] = mattyp
TOS = TOS+1

Das unäre Minus wird durch **negateint**, **negatereal** und **negatemat** repräsentiert. Als Boolesche Operatoren stehen zur Verfügung **andbool**, **orbool** und **notbool**; hierbei werden die Booleschen Werte **true** und **false** durch 1 bzw. 0 dargestellt.

8.2.2 Vergleichsoperationen

Ganzzahlige und reelle Objekte können jeweils im Hinblick auf ihre Größe miteinander verglichen werden durch **lssint**, **leqint**, **equint**, **neqint**, **grtint**, **lssreal**, **leqreal**, **equreal**, **neqreal**, **geqreal**, **grtreal**.
Matrizen und Boolesche Werte können nur auf Gleichheit bzw. Ungleichheit verglichen werden: **equmat**, **neqmat** bzw. **equbool** und **neqbool**.
Wir gehen exemplarisch auf **equint** ein:

```
TOS = TOS-2
*ArStack[TOS] = *ArStack[TOS] == *ArStack[TOS+1]
TpStack[TOS] = inttyp
TOS = TOS+1
```

8.2.3 Matrix-Operationen

element extrahiert ein Element aus einer Matrix:

```
i = *ArStack[TOS-3]
j = *ArStack[TOS-2]
α = ArStack[TOS-1] — Adresse von m
TOS = TOS-3
*ArStack[TOS] = Adr(m,i,j)
TpStack[TOS] = realtyp
TOS = TOS +1
```

In analoger Weise sind für Matrizen vorhanden: **zeilvekt**, **spaltvekt** (Extraktion von Zeilen bzw. Spalten), **teilmat** (Extraktion einer Teilmatrix), **teilspalt** und **teilzeil**

8.2.4 Konversionen

Die folgenden Typwandlungen stehen zur Verfügung: **intreal**, **intmat**, **realmat**, **matreal**. Konversionen in eine Matrix resultieren in einer 1×1-Matrix, ebenfalls kann nur eine solche Matrix in eine reelle Zahl verwandelt werden.

8.2.5 Ladeoperationen

Das Laden einer globalen Variablen geschieht durch **loadg** und ist semantisch gleichwertig mit

```
ArStack[TOS] = baseglob[Cd[PC]]
PC = PC+1
TpStack[TOS] = vartyp
TOS = TOS+1
```

vartyp gibt hier (und für die Operationen **loadl** und **loadg**) an, daß es sich um einen Zeiger auf ein nicht weiter spezifiziertes Objekt handelt. Analog arbeitet **loadl**, bei dem **baseglob** durch **baselok** zu ersetzen ist. Schließlich wird eine Konstante, deren Adresse im Code eingebettet ist, mit **loadc** geladen durch

```
ArStack[TOS] = & Cd[Cd[PC]]
```

Der Rest des obigen Code bleibt unverändert.

8.2.6 Speicheroperationen

Umgekehrt speichert **storegint** den durch **ArStack[TOS-1]** adressierten ganzzahligen Wert in einer globalen **integer**-Variablen ab:

```
*baseglob[Cd[PC]] = *ArStack[TOS-1]
TOS = TOS-1
PC = PC+1
```

Dies geschieht in analoger Weise für reelle Werte, Matrizen, Boolesche Werte, Elemente, Zeilen und Spalten von Matrizen durch die Operationen **storegreal**, **storegmat**, **storegbool**, **storegelement**, **storegzeile**, **storegspalte**; die Anweisungen **storegtsp**, **storegtzl**, **storegteilmat** speichern die entsprechenden Teilstrukturen. Die Tabelle 8.1 macht nähere Angaben hierzu.

Ersetzt man in den obigen Op-Codes **g** durch **l**, so erhält man die entsprechenden lokalen Versionen, also z.B. speichert **storelteilmat** eine lokale Teilmatrix. Wird die Dimension einer Matrix benötigt, so findet man sie mittels ***baselok[Cd[PC]]**. Beispielhaft sehen wir uns **storelint** an:

```
*baselok[Cd[PC]] = *ArStack[TOS-1]
TOS = TOS-1
PC = PC+1
```

Die Annahmen über die Parameter und Werte in **ArStack** sind ebenfalls in der Tabelle 8.1 zusammengefaßt.

8.2.7 Bereitstellung von Speicherplatz

Die `alloc_***`-Befehle stellen Speicherplatz in *activation records* zur Verfügung: `Cd[PC]` gibt an, wieviele Variablen des jeweiligen Typs allokiert werden müssen. Es wird im *activation record* im statischen Teil für jede Variable ein Zeiger auf den Wert der Variablen im dynamischen Teil des *activation record* gesetzt, und der Inhalt der Speicherzelle wird zu `0` initialisiert. Dabei verbrauchen ganze Zahlen jeweils einen Speicherplatz, reelle Zahlen zwei, und Matrizen m

$$2 + 2 * \mathbf{zeilen}(m) * \mathbf{spalten}(m),$$

da für die Angabe der Dimension einer Matrix zwei zusätzliche Speicherzellen benötigt werden.

Die in Rede stehenden Befehle lauten: `allocint`, `allocreal`, `allocbool` und `allocmat`.

storegint, storegreal, storegbool	*ArStack[TOS-1] ist die Adresse des Werts
storegelement	*ArStack[TOS-2]: Zeile *ArStack[TOS-1]: Spalte
storegzeile	*ArStack[TOS-2]: Adresse des Zeilenvektors *ArStack[TOS-1]: Adresse der gewählten Zeile
storegspalte	völlig analog zu storegzeile
storegteilmat	*ArStack[TOS-4]: Untere Grenze Zeile *ArStack[TOS-3]: Obere Grenze Zeile *ArStack[TOS-2]: Untere Grenze Spalte *ArStack[TOS-1]: Obere Grenze Spalte (Dimension der Matrix mittels baseglob[Cd[PC]])
storegtzl	Untere und obere Grenze für Zeilen in *ArStack[TOS-2] und *ArStack[TOS-1] (Dimension der Matrix mittels baseglob[Cd[PC]])
storegsp	Untere und obere Grenze für Spalten in *ArStack[TOS-2] und *ArStack[TOS-1] (Dimension der Matrix mittels baseglob[Cd[PC]])

Tabelle 8.1: Speicherbefehle

8.2.8 Parameter-Übergabe

Call by value und *call by reference* werden auf die übliche Weise unterstützt. Call by reference erfordert die Übergabe der Kopie eines Zeigers; dies geschieht durch die Funktion `copypointer`: `Cd[PC]` gibt im *activation record* die Adresse des Ziels relativ zum Beginn des *record* an, das unter `ArStack[TOS-1]` zu finden ist. `TOS` wird um 1 vermindert.

Call by value erfordert die Anfertigung einer Kopie des entsprechenden Objekts, daher muß für jeden der verfügbaren Typen eine solche Funktion vorhanden sein. Wie nicht anders zu erwarten, heißen diese Befehle `copyint`, `copyreal`, `copymat` und `copybool`. Das Vorgehen ist kanonisch.

8.2.9 Aufruf von Funktionen

Die Funktion `call` ruft eine benutzerdefinierte, die Funktion `callstd` eine systemdefinierte Prozedur auf. Die systemdefinierten Prozeduren sind durch *LA* vorgegeben; `*standard[k]` ist ein Zeiger auf die $\mathtt{k}^{\mathtt{te}}$ Standardprozedur; wir geben weiter unten das Feld `standard` an. Die Funktion `call` wie die Funktion `callstd` vermerkt im gerade gültigen *activation record* die Position der lokalen Variablen des dynamischen Vorgängers und ruft dann die entsprechende Prozedur auf. Im Fall von `callstd` geschieht dies über eine Sprungleiste: `Cd[PC]` enthält die Nummer der aufzurufenden Prozedur (so daß also

```
*standard[Cd[PC++]]()
```

aufgerufen wird). Bei `call` wird der Programmzähler manipuliert, indem `PC = Cd[PC]` gesetzt wird (vorher muß der alte Wert von `PC` gerettet werden).

Bei der Rückkehr wird dies invertiert: die Basisadresse und der Programmzähler werden restauriert, und der *activation record* wird gelöscht. Dies geschieht durch die Funktion `ret`.

Analog führt die Funktion `callstd` nach Rückkehr Aufräumarbeiten durch: die Basisadresse wird auch hier restauriert, und der *activation record* wird gelöscht.

Der Grund für die getrennte Behandlung von benutzer- und systemdefinierten Funktionen liegt darin, daß die ersteren den Programmzähler `PC` manipulieren können (der deshalb auch bei der Rückkehr restauriert werden muß), während die letzteren keinen Zugriff auf `PC` haben.

Die Standardprozeduren sind meist zweiteilig implementiert; sie bestehen aus einer einhüllenden Prozedur, die Zeiger auf die Variablen erzeugt, und aus der Standardprozedur selbst, die keine Rücksicht auf die spezielle Speicherorganisation der *LA* -Maschine mehr zu nehmen braucht. Am Beispiel der Berechnung des inneren Produkts sei dies erläutert:

	0	1	2	3	4	5
0+	rang	det	perm	inner	norm	eigen
6+	zeilen	spalten	diag	trans	solve	kern
12+	expreal	expmat	trunc	ffloor	fceil	sqrint
18+	sqrreal	minint	minreal	maxint	maxreal	ln
24+	root	getint	getreal	getmat	getbool	putint
30+	putreal	putmat	putbool	putstring	inverse	

Tabelle 8.2: Standardfunktionen in *LA*

`eins` = Zeiger auf das erste Argument
`zwei` = Zeiger auf das zweite Argument
α = Zeiger auf das Resultat des Aufrufs `InnerProdukt(eins,zwei)`
`ArStack[TOS]` = α
`TpStack[TOS]` = `realtyp`
`TOS` = `TOS + 1`

`InnerProdukt` ist hierbei eine *C*-Funktion, die als Argumente Felder reeller Zahlen hat, die jeweils Dimensionsangaben enthalten, und die eine reelle Zahl, nämlich das innere Produkt, zurückgibt.

Die Standardfunktionen und ihre relativen Adressen sind durch das Feld `standard[]` gegeben, vgl. Tabelle 8.2. (z.B. ist `(*standard[33])()` ein Aufruf der Funktion `putstring`)

Der Befehl `makevar` legt einen *activation record* an: es wird Platz gemacht für einen Zeiger auf den *activation record* des dynamischen Vorgängers, für einen Zeiger auf die lokalen Variablen im *activation record* des Vorgängers, und schließlich für jede lokale Variable (deren Anzahl aus `Cd[PC]` abgelesen werden kann). Jeder dieser abgelegten Zeiger wird zum leeren Zeiger initialisiert.

8.2.10 Sprünge

Die Funktionen `jump` und `jumpcond` realisieren unbedingte bzw. bedingte Sprünge. `jump` hat den Effekt

```
PC = Cd[PC]
```

und `jumpcond` springt, wenn der arithmetische Stack den Wert **false** enthält:

```
if not ArStack[TOS] then
   PC = Cd[PC];
else
   PC = PC+1
end if;
TOS = TOS-1
```

8.2.11 Sonstiges

Der Befehl **clearstack** löscht einen Ausdruck vom arithmetischen Stack:

```
TOS = TOS -1
```

Zur Code-Erzeugung für die fallgesteuerte Anweisung erweist sich der Befehl **equcase** als nützlich: es sei **Anz** die Anzahl der zu vergleichenden Konstanten in einem Zweig dieser Anweisung, so daß

```
*ArStack[TOS-Anz+j], 0 ≤ j ≤ Anz-1
```

die entsprechenden Werte enthält, und es sei **CaseAus** der Wert, gegen den verglichen werden muß,

```
CaseAus = *ArStack[TOS-Anz-1].
```

Die Ausführung von **equcase** ist äquivalent zu

```
*Arstack[TOS-Anz] =
   ∃ i ∈ { 0,...,Anz-1}:
   *ArStack[TOS-Anz+i] == CaseAus
TOS = TOS-Anz
TpStack[TOS] = inttyp
TOS = TOS+1
```

8.2.12 Befehlscodes

Die Befehle sind in einem Feld **pleiste** abgelegt, die Tabelle 8.3 gibt die Indizes an, über die sie zu erreichen sind (z.B. ruft `(*pleiste[33])()` `copyint` auf).

8.2.13 Zur Speicherbereinigung

Jeder speichernde Zugriff auf den Daten-Stack prüft, ob noch genug Speicherplatz zur Verfügung steht, oder ob eine Erweiterung des Daten-Stack den Heap berühren würde. Steht nicht genügend Platz zur Verfügung, so muß versucht werden, nicht mehr benötigten Speicherplatz zu reklamieren, indem der von nicht mehr lebenden Variablen eingenommene Platz anderweitig verwendet wird. Dies geschieht, indem der Heap zusammengeschoben (kompaktifiziert) wird. Da alle Variablen auf dem Heap durch Zeiger in **ArStack** referenziert werden, identifiziert man toten Speicherplatz, indem man solche Speicherbereiche findet, die keinen Zeiger in **ArStack** besitzen. Diese Bereiche können überschrieben werden. Man überlegt sich nun, daß

	0	1	2	3	4	5
0+	addint	addreal	addmat	subint	subreal	submat
6+	multint	multreal	multmat	multscalmat	multmatscal	powerofint
12+	powerofreal	powerofmat	divint	divreal	negateint	negatereal
18+	negatemat	andbool	orbool	notbool	element	zeilvekt
24+	spaltvekt	teilmat	intreal	intmat	realmat	loadg
30+	loadl	loadc	counter	copyint	copyreal	copymat
36+	copybool	copypointer	makevar	call	callstd	ret
42+	storegint	storegreal	storegmat	storegbool	storegelement	storegzeile
48+	storegspalte	storegteilmat	storelint	storelreal	storelmat	storelbool
54+	storelelement	storelzeile	storelspalte	storelteilmat	allocint	allocreal
60+	allocmat	allocbool	lssint	leqint	equint	neqint
66+	geqint	grtint	lssreal	leqreal	equreal	neqreal
72+	geqreal	grtreal	equmat	neqmat	equbool	neqbool
78+	jump	jumpcond	stopprog	equcase	clearstack	teilspal
84+	teilzeil	storeltsp	storeltzl	storegtsp	storegtzl	matreal

Tabelle 8.3: Maschinen-Befehle

die Zeiger in `ArStack` die gleiche Reihenfolge wie die Variablen im Heap besitzen, da `ArStack` als Stack organisiert ist. Bei der Speicherbereinigung muß also lediglich überprüft werden, ob zwischen zwei Zeigern in `ArStack` Adreßlücken vorhanden sind — in diesem Fall kann der Wert auf den der zweite Zeiger zeigt, um genau die Größe der Lücke im Heap verschoben werden. Dann muß natürlich auch der Wert des Zeigers angepaßt werden. Wird dies für alle Paare unmittelbar aufeinanderfolgender Zeiger durchgeführt, besteht der Heap nur noch aus lebenden Variablen. Steht jetzt immer noch nicht genügend Speicherplatz zur Verfügung, würde der Daten-Stack den Heap überschreiben und damit Werte von Variablen verfälschen. Daher bricht die Ausführung dann mit der Fehlermeldung "stack overruns heap" ab.

8.3 Der Assembler

Der erzeugte Zwischencode in der im vorigen Kapitel beschriebenen Form kann auf einfache Weise in Code für unsere gerade beschriebene Zielmaschine transformiert werden. Dies besorgt ein Assembler, dessen Arbeitsweise Gegenstand dieses Abschnitts ist.

Der Assembler erfüllt die üblichen Aufgaben, die sich durch zwei Punkte charakterisieren lassen:

1. Er erzeugt Maschineninstruktionen, d.h. er
   - ersetzt die mnemonischen Assemblerbefehle durch entsprechende Maschinenbefehle,

- wertet die Parameter aus und
- erzeugt Adressen für die Labels.

2. Er setzt den Assemblercode zur Erzeugung von Konstanten um und erzeugt die entsprechenden Daten.

Allerdings gibt es eine Reihe von Punkten, die die Arbeit (verglichen mit anderen Assemblern) erleichtern: so gibt es keine Pseudooperationen zur Kommunikation mit dem Betriebssystem, die in vielen Assemblern etwa zur Erzeugung relativer Startadressen oder zur Reservierung von Speicherplatz dienen. Des weiteren entfällt, da kein ablauffähiger Maschinencode erzeugt wird, die Berücksichtigung der Interna einer konkreten Maschine. Beispielsweise gibt es keine Maschinenbefehle unterschiedlicher Länge mit vielfältigen Arten von Parametern, sondern die Befehle werden in Nummern von Funktionen umgesetzt, die später bei der Interpretation als Sprungadressen genutzt werden.

Zur korrekten Behandlung von Marken ist es nötig und üblich, die Assemblierung in zwei Durchläufen durchzuführen (*two pass assembly*); auch der *LA* -Assembler arbeitet so: im ersten Durchlauf werden die Anzahl der Befehle und der Parameter bestimmt und zwei Zähler (*program counter* und *data counter*) verwaltet, die zur Reservierung von Speicherplatz für Befehle und Daten gebraucht werden. Zugleich können mit ihrer Hilfe relative Adressen für Marken bestimmt und abgespeichert werden. Mit diesen Informationen können dann im zweiten Durchlauf der eigentliche Code und die Daten erzeugt werden.

8.3.1 Die Arbeitsweise im Detail

Schnittstellen des Assemblers mit dem Compiler sind lediglich die Dateien, von denen er den Quelltext liest bzw. auf die er die Ausgabe schreibt. Weiter ist eine Datei `p.names` nötig, in der die Funktionen, Standardfunktionen und Optionen verzeichnet sind. Funktionen und Standardfunktionen findet man dort zusammen mit ihren Nummerncodes; dies sind die Nummern, unter denen die Zielmaschine sie bei der Interpretation des Zielcodes in der entsprechenden Sprungleiste findet. Bei den Funktionen findet man zusätzlich eine Information über die Parameter: eine 0 bedeutet einen parameterlosen Befehl, eine 1 deutet an, daß eine Zahl, eine 2, daß ein Label als Parameter erwartet wird. Den sechs Optionen `.int`, `.real`, `.bool`, `.string`, `.text` und `.data` werden ebenfalls eindeutige Nummern zugeordnet; dies hat allerdings rein programmiertechnische Gründe.

In beiden Durchläufen wird der Quelltext zeilenweise abgearbeitet. Dies bewirkt eine Funktion `rdzeile`, die jeweils eine Zeile als Zeichenkette einer globalen Variablen `zl` als Wert zuweist und dann die Funktion `ersterpass` bzw. `zweiterpass` aufruft. Beide Phasen machen Gebrauch von einem kleinen Scanner, der die in Frage stehende Zeile auf ihre Bestandteile untersucht. Wir erinnern uns: eine Zeile des Assembler-Quelltextes hat die Gestalt

```
<label> : <befehl> <parameter> ; <kommentar> ,
```

wobei Teile auch fehlen können[1]. Die Elemente der Zeile werden durch eine Funktion `zusammen` identifiziert und durch eine Funktion `wertaus` ausgewertet. Diese Funktion gibt eine ganze Zahl als Code für ein Element zurück, und zwar 1 im Falle eines Labels, 2 im Falle

[1] Insbesondere enthält der automatisch generierte Assemblercode keine Kommentare; da diese aber grundsätzlich zugelassen sind, schließen wir sie in unsere Betrachtungen ein

eines Strings, 3 im Falle eines Kommentars oder einer Leerzeile, 4 bei einer Zahl und schließlich 5, falls es sich um eine (durch einen Punkt eingeleitete) Option handelt. In Abhängigkeit vom Durchlauf (1 oder 2) wird dann eine Aktion veranlaßt.

8.3.2 Der erste Durchlauf

Im ersten Durchlauf werden vom Assembler

- je ein Zähler für das Befehlssegment (*program counter* `pc`) und das Daten-Segment (*data counter* `dc`) verwaltet und die Größen der beiden Segmente bestimmt,
- die Labels überprüft und mit ihren relativen Segmentadressen in eine Liste eingetragen,
- die Korrektheit von Konstantenvereinbarungen überprüft (folgt auf `.int` wirklich eine ganze Zahl, auf `.string` wirklich eine Zeichenkette? usw.).

Die Bearbeitung des Quelltextes erfolgt zeilenweise, und die Behandlung einer gegebenen Zeile geschieht wie folgt: handelt es sich um eine Leerzeile oder eine Kommentarzeile, so braucht nichts getan zu werden; es wird zur nächsten Zeile übergegangen. Beginnt die Zeile mit einer Marke, so wird dieses durch eine Hilfsfunktion `labeleintrag` bearbeitet. Es wird zunächst geprüft, ob der Labelname schon vorhanden ist, und zwar entweder als Name einer Standardfunktion (die ja als Parameter von `callstd` in Assembleranweisungen auftreten kann), oder in der in der schon erzeugten Liste von Marken. Wird der Name gefunden, so wird eine Fehlermeldung erzeugt und der Übersetzungsvorgang abgebrochen; das Label ist nicht eindeutig. Ansonsten wird es in die Liste eingetragen. Dieser Eintrag enthält als Komponenten

- den Namen des Labels,
- die Angabe, ob das Label in das Befehls- oder das Daten-Segment gehört; letzteres ist dann der Fall, wenn die Zeile in einem Bereich steht, der durch die Option `.data` eingeleitet wurde,
- die relative Position innerhalb des Segments, d.h. den Wert von `pc` für das Befehlssegment bzw. von `dc` für das Daten-Segment.

Auf das Label kann ein Kommentar, ein String oder eine Option folgen. Im ersten Fall ist nichts weiter zu tun. Folgt ein String, so handelt es sich um einen Befehlsnamen. Nach diesem Namen sucht die Hilfsfunktion `holcode` in der oben beschriebenen Datei `p.names`. Von den dort verzeichneten Informationen ist für den ersten Durchlauf nur die Angabe über die Parameter von Interesse. Sie dient einmal zur Überprüfung der Korrektheit der Zeile, zum anderen dazu, den Zähler `pc` richtig zu aktualisieren: bei parameterlosen Befehlen wird er um 1, sonst um 2 erhöht.

Bleibt der Fall zu betrachten, daß es sich um eine Option handelt. Im Falle von `.data` bzw. `.text` wird lediglich eine globale Boolesche Variable `isdata` entsprechend gesetzt; diese dient dazu, jeweils in das richtige Segment zu schreiben bzw. den richtigen Zähler zu manipulieren. Für die Optionen `.int`, `.real`, `.bool` und `.string` gibt es je eine Hilfsfunktion, die dafür sorgt, daß der Datenzähler `dc` richtig erhöht wird, und zwar um 1 im Falle von Integer- und Booleschen Werten, um 2 im Falle von reellen Zahlen, und in Abhängigkeit von der Länge bei

Zeichenketten. Die Funktionen überprüfen auch, ob wirklich eine entsprechende Konstante folgt und geben diese dann als Funktionswert zurück. Davon wird aber erst im zweiten Durchlauf Gebrauch gemacht, wenn die Werte tatsächlich in das Daten-Segment eingetragen werden.

Damit sind die Aktionen des ersten Durchlaufs bereits vollständig beschrieben. Nach diesem Durchlauf

- sind die Längen von Befehls- und Daten-Segment bekannt,
- stehen alle Label mit ihren relativen Adressen in einer Liste,
- wissen wir, daß alle Zeilen korrekt aufgebaut sind.

Vor dem zweiten Durchlauf müssen noch die Adressen der Label im Datenteil korrigiert werden; die Adressen, die in der erzeugten Labelliste abgespeichert sind, beziehen sich nämlich auf den Anfang des Datenteils. Benötigt wird jedoch die Position relativ zum Anfang des Befehlssegments, das dem Daten-Segment in der Ausgabedatei vorausgeht. Der Mangel läßt sich dadurch beheben, daß die Labelliste durchlaufen und auf die Positionen der Labels des Datenteils die Länge des Befehlssegments addiert wird. Danach haben dann alle Labels ihre korrekten Werte.

8.3.3 Der zweite Durchlauf

Im zweiten Durchlauf geht es nun darum,

- die Befehlscodes und die Parameter der Befehle in das Befehlssegment zu schreiben,
- die Konstanten zu erzeugen und in das Daten-Segment zu schreiben.

Dies geschieht wiederum durch ein zeilenweises Abarbeiten des Quelltextes; betrachten wir deshalb, wie eine Zeile behandelt wird. Handelt es sich um eine Leer- oder eine Kommentarzeile, so ist nichts zu tun. Auch brauchen keine Aktionen angestoßen werden, wenn ein Label am Zeilenanfang auftritt. Die Adresse des Labels ist bekannt und nur von Interesse, wenn es in einem Befehl als Parameter auftritt.

Wir haben damit nur die beiden Fälle näher zu betrachten, daß die Zeile einen Befehl oder eine Option enthält. Im ersten Fall wird der Befehl in der Datei `p.names` gesucht und der Befehlscode sowie die Information über die Parameter geholt. Der Befehlscode wird in das Befehlssegment geschrieben und der Befehlszähler (um 1) erhöht. Braucht der in Frage stehende Befehl keine Parameter, so sind wir mit der Zeile fertig. Ansonsten betrachten wir das nächste Zeilenelement. Wird als Parameter eine Zahl erwartet, so finden wir diese als nächstes Element der Eingabezeile. Sie wird in das Befehlssegment eingetragen, und der Befehlszähler wird nochmals um 1 erhöht.

Wird eine Marke erwartet, so übergeben wir den Namen an eine Funktion `wertlabel`, die den Wert der Marke ermittelt. Dieser Wert ist entweder die Codenummer einer Standardfunktion oder die Adresse eines Labels in der im ersten Durchgang erzeugten Liste. Die Funktion sucht also zunächst in der Datei `p.names`, ob das Label Name einer Standardfunktion ist, und gibt im Erfolgsfall die Codenummer zurück; sonst wird in der Labelliste gesucht und die Adresse der Marke zurückgegeben. Codenummer bzw. Adresse werden dann in das

Befehlssegment eingetragen und der Befehlszähler wird abschließend erhöht. Wird das Label gar nicht gefunden, so liegt ein Fehler vor; es wird eine entsprechende Meldung erzeugt und der Assemblierungsvorgang abgebrochen.

Enthält die Zeile eine der Optionen `.data` bzw. `.text`, so wird wiederum nur das `isdata`-flag entsprechend gesetzt. Bei den anderen Optionen wird durch die bereits genannten Funktionen die Konstante, die auf die Option folgt, eingelesen und in das Daten-Segment eingetragen. Der Datenzähler wird entsprechend erhöht. Mehr ist nicht zu tun.

Sind alle Zeilen in dieser Weise bearbeitet, wird abschließend der erzeugte Maschinencode auf die Ausgabedatei geschrieben. Er kann in dieser Form von der Zielmaschine interpretiert werden.

Es mag sich die Frage stellen, ob es angesichts dieser recht einfachen Assemblierung nicht möglich und sinnvoll gewesen wäre, auf den Assembler ganz zu verzichten und gleich Code für die Zielmaschine zu erzeugen, zumal dieser nicht ablauffähig ist, sondern interpretiert wird. Für die gewählte Vorgehensweise gibt es jedoch eine Reihe von guten Gründen, von denen wir zwei wesentliche nennen wollen:

1. Methodisch bietet die Vorgehensweise die Möglichkeit, eventuelle Portierungen auf andere als die gewählte Zielmaschine, insbesondere auch eine Übersetzung in ablauffähigen Maschinencode, einfacher auszuführen.

2. Organisatorisch hat man den großen Vorteil, daß Codeerzeugung und Maschine parallel entwickelt, implementiert und getestet werden können; Änderungen an der Maschine ziehen nicht automatisch Änderungen für die Codeerzeugung nach sich.

Gerade der zweite Punkt ist für die Arbeitsaufteilung in einem Praktikum von großer Bedeutung.

Kapitel 9

Erweiterungsmöglichkeiten

Wir haben Ihnen in den vorherigen Kapiteln den Compiler für *LA* vorgestellt. Dieser Compiler kann als Kern für weitere Entwicklungsmöglichkeiten dienen. Wir wollen einige dieser Erweiterungs-und Ergänzungsmöglichkeiten im folgenden diskutieren.

9.1 Erweiterung des Compilers

9.1.1 Fehlerbehandlung

Der vorliegende Compiler behandelt Fehler im Quelltext auf überaus naive Art — sobald ein Fehler auftaucht, wird die Analyse mit einer nicht besonders gut diagnostizierenden Fehlermeldung abgebrochen. Aus zeitlichen Gründen waren wir in dem diskutierten Praktikum nicht in der Lage, über die Fehlerbehandlung nachzudenken, so daß wir uns mit der geschilderten Art der Fehleranzeige begnügt haben. Für die sinnvolle Arbeit mit einem Compiler ist jedoch die ordentliche Behandlung von Fehlern (wozu die Diagnose ebenso gehört wie der Versuch einer Fehlerkorrektur) natürlich unerläßlich. Daher schlagen wir als vordringliche Erweiterungsmöglichkeit vor, Fehlerbehandlung in den Übersetzer zu integrieren. Das Vorgehen in [WG84], 12.2, mag hier als Leitlinie und Anregung dienen.

9.1.2 Ein- und Ausgabe

Ein- und Ausgabe der vorliegenden Sprache sind auf die Voreinstellungen Tastatur bzw. Bildschirm ausgerichtet. Für umfangreiche Daten kann es sich jedoch als sinnvoll erweisen, auch auf externe Dateien lesend bzw. schreibend zugreifen zu können. Daher schlagen wir vor, die Sprache so zu erweitern, daß zusätzliche Ein- und Ausgabe-Routinen zur Verfügung gestellt werden, die auf externe Dateien zugreifen. Es ist hier zu überlegen, ob neben den ACSII-orientierten Textdateien auch binäre Dateien hinzukommen können, die schnelles Lesen oder Schreiben von Matrizen ermöglichen. Bei textorientierter Ein- und Ausgabe kann die Möglichkeit bedacht werden, auch formatiert einzulesen oder auszugeben; die Formatierungskonventionen von *C* könnten hier zur Orientierung dienen.

9.1.3 Optimierung

Der vorliegende Übersetzer führt kaum Optimierungen durch; wenn, dann nur im Rahmen der semantischen Analyse bei der geringfügigen Umstrukturierung des Syntaxbaums. Es mag sich hier als sinnvoll erweisen, nach der Code-Erzeugung eine Optimierungsphase einzufügen, um die gängigen Optimierungen durchzuführen. Dies kann mit Hilfsmitteln der Datenfluß-Analyse geschehen, wie es etwa in [ASU86] oder in [Zim83] dargestellt ist. Es mag sich in diesem Zusammenhang als interessant erweisen, hierüber noch ein wenig hinauszugehen und die Arbeit monotoner Datenflußsysteme, wie sie etwa in [Hec77] geschildert sind, im einzelnen zu studieren; dies kann durch die Konstruktion eines kleineren Werkzeugs geschehen.

9.1.4 Parallelisierung

Operationen mit Vektoren und Matrizen lassen sich bekanntermaßen gut parallelisieren, so daß sie sehr effizient auf SIMD-Maschinen ablaufen können. Der Vorschlag zur Erweiterung besteht hier darin, den Compiler um eine Phase zur Parallelisierung zu erweitern, auf einem Multiprozessor-System eine Schar von Maschinen der diskutierten Art zur Verfügung zu stellen und die parallelisierten *LA* -Programme auf diesen Rechnern ablaufen zu lassen.

9.2 Spracherweiterungen

9.2.1 Moduln

LA unterstützt lediglich *programming in the small.* Die Verwendbarkeit der Sprache wird sicherlich durch die Möglichkeit gesteigert, Programmpakete konstruieren zu können. Daher erweitere man die Sprache um ein Modulkonzept, das insbesondere erlaubt, Programmpakete oder sogar einzelne Prozeduren getrennt übersetzen zu können. Dies erfordert die Einführung von Spezifikations-und Implementationsmoduln etwa im Sinne von *Ada* oder *Modula-2* . Die Verwaltung dieser Moduln kann auf zweierlei Weise geschehen:

- Programm-Bausteine werden wie in *Ada* mit den Hilfsmitteln, die das Betriebssystem und möglicherweise ein Bibliotheks-Manager bieten, verwaltet.
- Die Verwaltung der Bausteine wird in die Sprache verlagert, so daß sich Moduln als Spezialfälle persistenter Strukturen im Sinne von [AM85] darstellen.

Wird der letzte Weg bei der Einführung von Moduln gewählt, so liegt die Frage nahe, ob dieses Modulkonzept nicht gleich so entworfen werden kann, daß objektorientiertes Programmieren in gewissen Einschränkungen möglich wird — die Moduln stellen dann die Kapseln für die Objekte dar.

Sind Moduln in welcher Version auch immer vorhanden, so lassen sich dedizierte Pakete für Anwendungen programmieren. Als typische Anwendungsgebiete kommen in Frage:

- Positive Geometrie und Graphik
- Lineare Optimierung
- Matrix-orientierte Verfahren in der Graphentheorie, stochastische Netzwerke
- Verfahren der numerischen Mathematik, soweit sie durch Hilfsmittel der Linearen Algebra unterstützt werden

9.2.2 Tensoren

Der Kalkül der Matrizen aus der linearen Algebra läßt sich einbetten in einen multilinearen Kalkül der Tensoren ([Lan65], Kap. 16). Diese Tensoren können als Verallgemeinerungen von Vektoren und Matrizen aufgefaßt werden. Sie finden ihre Anwendungen im Bereich der mathematischen Physik bei der Darstellung raum-zeitlicher Phänomene. Der Tensor-Kalkül ist formal interessanter als der Matrizen-Kalkül, weil er multilinear ist; gleichzeitig sind Tensoren aber schwieriger zu handhaben. Will man die Sprache im Hinblick auf die in ihre dargestellten mathematischen Objekte erweitern, bietet sich dieser Kalkül an.

Appendix A

Ein Beispiel: Das Jacobi-Verfahren

Vorgehensweise

Wir schildern im folgenden das Jacobi-Verfahren zur Berechnung aller Eigenwerte einer symmetrischen Matrix A; hierbei folgen wir der Darstellung bei [Toe79], § 10. Das Ziel des Verfahrens besteht in der Berechnung einer orthogonalen Matrix T, so daß $D := T^t AT$ eine Diagonalmatrix ist. Die Eigenwerte von A stehen dann als Elemente der Diagonalen in D. Hierbei wird T iterativ bestimmt. Man setzt

$$\begin{aligned} A_0 &:= A \\ A_{k+1} &:= T_{k+1}^T A_k T_{k+1} \end{aligned}$$

Hierbei sind die Matrizen T_k orthogonal, und es genügt offenbar, diese Matrizen zu konstruieren. Setzt man $A_k = (a_{i,j}^{(k)})_{1 \leq i,j \leq n}$, so geht man wie folgt vor:

1. man wählt außerhalb der Diagonalen von A_k ein betragsmäßig maximales Element $a_{r,s}^{(k)}$, d.h. es gilt

   $$| a_{r,s}^{(k)} | = \max \{a_{i,j}^{(k)} |; 1 \leq i,j \leq n, i \neq j\}$$

2. für $r < s$ setzt man

   $$\varphi_{k+1} := \begin{cases} \frac{1}{2} \arctan(\frac{2a_{r,s}^{(k)}}{a_{s,s}^{(k)} - a_{r,r}^{(k)}}), & \text{falls } a_{s,s}^{(k)} \neq a_{r,r}^{(k)} \\ \text{sign}(a_{r,s}^{(k)}) \cdot \frac{\pi}{4}, & \text{falls } a_{s,s}^{(k)} = a_{r,r}^{(k)} \end{cases}$$

   (hierbei soll φ_{k+1} so bestimmt werden, daß $-\frac{\pi}{4} \leq \varphi_{k+1} \leq \frac{\pi}{4}$ gilt), und weiter

   $$\begin{aligned} t_{r,r}^{(k+1)} &:= t_{s,s}^{(k+1)} := \cos(\varphi_{k+1}) \\ t_{r,s}^{(k+1)} &:= \sin(\varphi_{k+1}),\ t_{s,r}^{(k+1)} := -t_{r,s}^{k+1} \end{aligned}$$

   Alle Diagonalelemente $t_{i,i}^{(k+1)}$ mit $i \notin \{r,s\}$ setze man auf 1, alle anderen Elemente $t_{i,j}^{(k+1)}$ auf 0. Draus ergibt sich dann die gesuchte orthogonale Matrix $T_{k+1} := (t_{i,j}^{(k+1)})$.

3. Bei $r > s$ vertausche man r und s.

Für die so eingeführte Matrix-Folge $(A_k)_{k\geq 0}$ kann man nun zeigen, daß

$$\lim_{k\to\infty} A_k = D$$

gilt ([Toe79], Satz 10.1 - 1).

Wir geben i.f. ein *LA* -Programm für das Jacobi-Verfahren an. *LA* hat weder die trigonometrischen Funktion *sin* und *cos* noch die Arcus-Funktion *arctan* als vordefinierte Funktionen zur Verfügung, daher müssen diese Funktionen explizit berechnet werden. Für die Arcus-Funktion machen wir uns die bekannte Darstellung

$$\arctan(z) = \frac{z}{1+z^2}(1+\frac{2}{3}\cdot\frac{z}{1+z^2}+\frac{2}{3}\cdot\frac{4}{5}(\frac{z}{1+z^2})^2+\ldots)$$

(für $z^2 \neq -1$) zunutze, für die *sin*- und *cos*-Funktion benutzen wir die im komplexen gültige Beziehung

$$\sin(z) = \frac{1}{2i}(e^{iz} - e^{-iz})$$
$$\cos(z) = \frac{1}{2}(e^{iz} + e^{-iz}).$$

Hierbei nutzen wir aus, daß wir die komplexe Zahl $x + iy$ als Matrix darstellen können.

$$x + iy \equiv \begin{pmatrix} x & -y \\ y & x \end{pmatrix},$$

und daß wir die Exponentialfunktion zur Verfügung haben. Wir geben den Code für diese Funktionen nicht explizit an.

LA –Programm

```
program
  -- Programm zur Berechnung der Eigenwerte symmetrischer
  -- Matrizen nach dem Jacobi-Verfahren.
  --
  -- Die Programmidee stammt aus [Toe79], p. 29 ff.
  --
  -- Programm-Autor: M. Ebigt
  -- Programm-Datum: 8. März 1990
  --

  const
    pi = 3.141582;

  var
    weiteriterieren: boolean,
    i, j, n, zeile, spalte: integer,
    eps, elem, maximum, phi, hilfsarg: real;
```

```
put("Berechnung der Eigenwerte einer symmetrischen");
put("Matrix nach dem Jacobiverfahren");
loop
    put(Ördnung der Matrix: ");
    get(n);
    if n < 2 then
        put(" Die Ordnung der Matrix muss >= 2 sein! ");
    else
        quit;
    fi;
end loop;
var
    a, t, einheitsmatrix: mat[n, n],
    eigenwert: mat[n, 1];

put("Genauigkeitsschranke epsilon: ");
get(eps);
eps := abs(eps);
put(" Im folgenden werden die Koeffizienten der");
put(" oberen Dreiecksmatrix erwartet.");
i := 1;
loop
    j := i;
    loop
        get(a[ i, j ]); a[ j, i ] := a[ i, j ];
        j := j + 1;
        if j > n then quit; fi;
    end loop;
    einheitsmatrix[ i, i ] := 1;
    i := i + 1;
    if i > n then quit; fi;
end loop;
loop
    maximum := 0.0; zeile := 0; spalte := 0;
    i := 1;
    loop
        j := 1;
        loop
            if i ≠ j then
                if abs(a[ i, j ]) > maximum then
                    zeile := i; spalte := j; maximum := abs(a[ i, j ]);
                fi;
            fi;
            j := j + 1;
            if j > n then
                quit;
            fi;
        end loop;
        i := i + 1;
        if i > n then quit; fi;
    end loop;
```

```
        if maximum > 0.0 then
         -- Suche das betragsmäßig größte Element,
         -- das nicht Diagonal-Element ist
          if a[ zeile, zeile ] = a[ spalte, spalte ] then
             phi := sgn(a[ zeile, spalte ]) * pi / 4.0;
          else
             hilfsarg := 2.0 * a[ zeile, spalte ] / (a[ spalte, spalte ] - a[zeile, zeile ]);
             phi := atan(hilfsarg) / 2.0;
          fi;
          t := einheitsmatrix;
          t[ zeile, zeile ] := cos(phi); t[ spalte, spalte ] := cos(phi);
          if zeile < spalte then
             t[ zeile, spalte ] := sin(phi); t[ spalte, zeile ] := -sin(phi);
          else
             t[ zeile, spalte ] := -sin(phi); t[ spalte, zeile ] := sin(phi);
          fi;
          i := 1;
          loop
             eigenwert[ i, 1 ] := a[ i, i ];
             i := i + 1;
             if i > n then quit; fi;
          end loop;
           -- Iterationsschritt
          a := trans(t) * a * t;
          weiteriterieren := false;
          i := 1;
          loop
             if abs(eigenwert[ i, 1 ] - a[ i, i ]) > eps then
                  -- Die Differenz ist noch zu groß
                weiteriterieren := true;
                quit;
             fi;
             i := i + 1;
             if i > n then quit; fi;
          end loop;
          if not weiteriterieren then quit; fi;
        else
          quit;
        fi;
     end loop;
     put("Die Eigenwerte sind:");
     put(eigenwert);


function sgn (x: real) return real is

     -- Signum-Funktion

end sgn;
```

```
function sin (x: real) return real is

    -- Sinus

end sin;

function cos (x: real) return real is

    -- Der andere alte Römer

end cos;

function atan (x: real) return real is

    -- arc tan

end atan;

end program.
```

Appendix B

Grundbegriffe der Linearen Algebra

Wir erinnern hier an einige Grundtatsachen aus der Theorie der Vektoren und Matrizen; als gründliche Einführungen in dieses Gebiet seien empfohlen [KS89] und [Lin69].

Algebraische Struktur

$\mathcal{R}^n$ bezeichnet im folgenden die Menge aller reellen Vektoren $(x_1, \ldots, x_n)$ mit n Komponenten, $\mathcal{M}(n,k)$ die Menge aller $n \times k$-Matrizen

$$\begin{pmatrix} x_{1,1} & \ldots & x_{1,k} \\ \vdots & \ddots & \vdots \\ x_{n,1} & \ldots & x_{n,k} \end{pmatrix}$$

mit reellen Komponenten. Insbesondere kann $\mathcal{R}^n$ mit $\mathcal{M}(1,n)$ identifiziert werden. $\mathcal{M}(n,k)$ ist mit komponentenweiser Addition und skalarer Multiplikation ein $n \cdot k$-dimensionaler Vektorraum über den reellen Zahlen.
Für $\mathbf{A} = (a_{i,j})_{1\leq i\leq n, 1\leq j\leq k} \in \mathcal{M}(n,k)$ und $\mathbf{B} = (b_{s,t})_{1\leq s\leq k, 1\leq t\leq l}$ setzt man

$$\mathbf{AB} := \left(\sum_{j=1}^{k} a_{i,j} b_{j,t} \right)_{1\leq i\leq n, 1\leq t\leq l}$$

als Produkt von $\mathbf{A}$ und $\mathbf{B}$, das Produkt bildet also $\mathcal{M}(n,k) \times \mathcal{M}(k,l)$ in $\mathcal{M}(n,l)$ ab. Ist $n = k$, so bildet $\mathcal{M}(n,n)$ einen nichtkommutativen Ring unter dieser Multiplikation. Als Spezialfälle der Multiplikation ergeben sich

$$(x_1, \ldots, x_n) \begin{pmatrix} y_{1,1} & \ldots & y_{1,k} \\ \vdots & \ddots & \vdots \\ y_{n,1} & \ldots & y_{n,k} \end{pmatrix} = \left(\sum_{i=1}^{n} x_i y_{i,1}, \ldots, \sum_{i=1}^{n} x_i y_{i,k} \right)$$

und

$$\begin{pmatrix} y_{1,1} & \ldots & y_{1,k} \\ \vdots & \ddots & \vdots \\ y_{n,1} & \ldots & y_{n,k} \end{pmatrix} \begin{pmatrix} z_1 \\ \vdots \\ z_k \end{pmatrix} = \left(\sum_{j=1}^{k} y_{1,j} z_j, \ldots, \sum_{j=1}^{k} y_{n,j} z_j \right)$$

Vertauscht man Zeilen und Spalten einer Matrix, so entsteht die transponierte Matrix, symbolisch

$$\begin{pmatrix} x_{1,1} & \dots & x_{1,k} \\ \vdots & \ddots & \vdots \\ x_{n,1} & \dots & x_{n,k} \end{pmatrix}^T = \begin{pmatrix} x_{1,1} & \dots & x_{n,1} \\ \vdots & \ddots & \vdots \\ x_{1,k} & \dots & x_{n,k} \end{pmatrix}$$

Sei $\mathbf{F} = \{\mathbf{x}_1, \dots, \mathbf{x}_m\} \subset \mathcal{R}^n$ eine endliche Menge von Vektoren, so heißt $\mathbf{F}$ *linear unabhänging*, falls

$$\forall \alpha_1, \dots, \alpha_m \in \mathcal{R} : \sum_{i=1}^{m} \alpha_i \mathbf{x}_i = \mathbf{0} \Longrightarrow \alpha_1 = \dots = \alpha_m = 0$$

Der *Rang* einer Matrix ist die maximale Anzahl linear unabhängiger Zeilen oder, was auf das Gleiche herauskommt, die maximale Anzahl linear unabhängiger Spalten.

Sei $\mathbf{A} \in \mathcal{M}(n,n)$ eine quadratische Matrix, dann heißt $\mathbf{A}$ *regulär*, wenn ihr Rang gleich n ist. Eine Matrix ist genau dann regulär, wenn ihre Determinante von Null verschieden ist.

Operationen

Die *Determinante* von $\mathbf{A} = (x_{i,j})_{1 \le i,j \le n}$ ist definiert als

$$\det(\mathbf{A}) := \sum_{\pi \in \mathcal{S}_n} sgn(\pi) \prod_{i=1}^{n} x_{i,\pi(i)}$$

Hierbei ist $\mathcal{S}_n$ die Menge aller Permutationen von $\{1, \dots, n\}$, und $sgn(\pi)$ ist das Signum der Permutation,

$$sgn(\pi) = \begin{cases} -1, & \text{falls } \pi \text{ ungerade ist} \\ +1, & \text{falls } \pi \text{ gerade ist} \end{cases}$$

(Eine Permutation ist genau dann gerade, wenn sie als das Produkt einer geraden Anzahl von Transpositionen (ij) geschrieben werden kann, sonst ist sie ungerade).

Für $\mathbf{A} \in \mathcal{M}(n,k)$ ist die Menge aller Urbilder des Nullvektors

$$\text{Kern}(\mathbf{A}) := \{\mathbf{x} \in \mathcal{R}^k : \mathbf{A}\mathbf{x}^T = 0\}$$

der *Kern* von $\mathbf{A}$. Man sieht, daß der Kern ein linearer Unterraum von $\mathcal{R}^k$ ist. Als linearer Unterraum hat der Kern eine Basis $\{\mathbf{x}_1, \dots, \mathbf{x}_l\}$, die ohne Einschränkung als *orthonormal* angenommen werden kann, d.h. es gilt

$$\begin{aligned} &\forall i \neq j : \langle \mathbf{x}_i, \mathbf{x}_j \rangle = 0 \\ &\forall i : \| \mathbf{x}_i \| = 1 \end{aligned}$$

Mit Hilfe einer solchen Basis kann der Kern in Matrixform

$$\begin{pmatrix} \mathbf{x}_1 \\ \vdots \\ \mathbf{x}_l \end{pmatrix}$$

dargestellt werden.

Bezeichne $\mathbf{E} = (\delta_{i,j})_{1\leq i,j\leq n}$ die n-dimensionale Einheitsmatrix, (wobei

$$\delta_{i,j} := \texttt{if } i = j \texttt{ then } 1 \texttt{ else } 0 \texttt{ fi}$$

Kroneckers δ ist), so ist jeder Wert $\lambda \in \mathcal{R}$ mit

$$\det(\mathbf{A} - \lambda\mathbf{E}) = 0$$

ein *Eigenwert* von $\mathcal{A}$; $\det(\mathbf{A} - \lambda\mathbf{E})$ heißt das ***charakteristische Polynom*** von $\mathbf{A}$ und ist vom Grad n. Jede Lösung $\mathbf{x} = \mathbf{0}$ der Gleichung

$$\mathbf{x}(\mathbf{A} - \lambda\mathbf{E}) = \mathbf{0}$$

heißt *Eigenvektor* zum Eigenwert λ.

Analog zur Determinante von $\mathbf{A} \in \mathcal{M}(n,n)$ ist die *Permanente* von $\mathbf{A}$ definiert:

$$perm(\mathbf{A}) = \sum_{\pi\in\mathcal{S}_n} \prod_{i=1}^{n} x_{i,\pi(i)}$$

Eine Matrix $\mathbf{A} \in \mathcal{M}(n,n)$ ist genau dann regulär, wenn eine Matrix $\mathbf{B} \in \mathcal{M}(n,n)$ so existiert, daß

$$\mathbf{AB} = \mathbf{BA} = \mathbf{E}$$

gilt. $\mathbf{B}$ heißt die *Inverse* zu $\mathbf{A}$. Eine Inverse existiert genau dann, wenn die Gleichung

$$\mathbf{xA} = \mathbf{0}$$

nur die triviale Lösung $\mathbf{x} = \mathbf{0}$ besitzt. Es sei allgemeiner das Gleichungssystem

$$(*) \qquad \mathbf{Ay} = \mathbf{b}$$

gegeben, wobei $\mathbf{A} \in \mathcal{M}(n,k)$, $\mathbf{y} \in \mathcal{M}(k,1)$ und $\mathbf{b} \in \mathcal{M}(n,1)$ sein mögen. Ist $\tilde{\mathbf{y}}$ eine Lösung, so auch $\tilde{\mathbf{y}} + \tilde{\mathbf{z}}$, wobei $\tilde{\mathbf{z}}$ eine Lösung des zugehörigen homogenen Gleichungssystems

$$\mathbf{Az} = \mathbf{0}$$

ist. Man kann zeigen, daß sich jede Lösung von $(*)$ so darstellen läßt, $\tilde{\mathbf{y}}$ heißt eine *partikuläre Lösung* des Systems.

Das *innere Produkt* $\langle \mathbf{x}, \mathbf{y} \rangle$ zweier Vektoren $\mathbf{x}, \mathbf{y} \in \mathcal{R}^n$ ist definiert durch

$$\langle \mathbf{x}, \mathbf{y} \rangle := \sum_{i=1}^{n} x_i y_i$$

und

$$\| \mathbf{x} \| := \sqrt{\langle \mathbf{x}, \mathbf{x} \rangle}$$

ist die Norm des Vektors $\mathbf{x}$, also sein (euklidischer) Abstand zum Ursprung. In analoger Weise definiert man für die Matrix

$$\mathbf{A} = (x_{i,j})_{1 \leq i \leq n, 1 \leq j \leq k}$$

die Norm

$$\| \mathbf{A} \| := \sqrt{\sum_{i=1}^{n} \sum_{j=1}^{k} x_{i,j}^2}$$

Mit dieser Norm ist $\mathcal{M}(n,k)$ ein Banach-Raum, $\mathcal{M}(n,n)$ ist sogar eine Banach-Algebra, und man zeigt für $\mathbf{A} \in \mathcal{M}(n,n)$ wie im reellen oder komplexen, daß die unendliche Reihe

$$e^{\mathbf{A}} := \sum_{n \geq 0} \frac{\mathbf{A}^n}{n!}$$

bezüglich dieser Norm in $\mathcal{M}(n,n)$ konvergiert. $\mathbf{A} \to e^{\mathbf{A}}$ ist die Exponentialfunktion; auf ähnliche Weise lassen sich andere transzendente Funktionen über verallgemeinerte Taylor-Reihen definieren.

Literaturverzeichnis

[AJ74] A.V. Aho, S. C. Johnson. LR - Parsing. *ACM Computing Surveys*, 6(2):99 - 124, 1974.

[AM85] M. P. Atkinson, R. Morrsion. Procedures as persistent data objects. *ACM Trans. Prog. Lang. Syst.*, 7(4):539 - 559, 1985.

[ASU86] A. V. Aho, R. Sethi, J. D. Ullman. *Compilers — Principles, Techniques, Tools.* Addison-Wesley, Reading, Mass., 1986.

[AU72] A.V. Aho, J.D. Ullman. *The Theory of Parsing, Translation, and Compiling*, volume 1: Parsing. Prentice-Hall, Englewood Cliffs, NJ, 1972.

[AU77] A.V. Aho, J.D. Ullman. *Principles of Compiler Design.* Addison-Wesley, Reading, Mass, 1977.

[CH87] J. Cohen, T. Hickely. Parsing and compiling using PROLOG. *ACM Trans. Prog. Lang. Syst.*, 9(2):125 - 163, 1987.

[DF77] E. Denert, R. Franck. *Datenstrukturen.* Reihe Informatik 22. Wissenschaftsverlag im Bibliographischen Institut, Mannheim, 1977.

[DF89] E.-E. Doberkat, D. Fox. *Software Prototyping mit SETL.* Leitfäden und Monographien der Informatik. Teubner-Verlag, Stuttgart, 1989.

[Dob89] E.-E. Doberkat. Zur Wiederaufbereitung von Software. *Informatik — Forschung und Entwicklung*, 4:14 - 24, 1989.

[Eng84] J. Engelfriet. Attribute grammars: Attribute evaulation methods. In B. Lorho (Hrsg.): *Methods and Tools for Compiler Construction*, 103 - 138. Cambridge University Press, Cambridge, UK, 1984.

[GL83] G.H. Golub, C.F. van Loan. *Matrix Computations.* North Oxford Academic Press, Oxford, 1983.

[Gut90] U. Gutenbeil. Implementation von LA mit dem Werkzeug Eli — eine vergleichende Studie. Technischer Bericht 90-03, Universität — Gesamthochschule — Essen, Mai 1990.

[Hec77] M.S. Hecht. *Flow Analysis of Computer Programs.* North Holland Publishing Co., New York, 1977.

[HU79] J.E. Hopcroft, J.D. Ullman. *Introduction to Automata Theory, Languages and Computation.* Addison-Wesley, Reading, Mass., 1979.

[Kas80] U. Kastens. Ordered attribute grammars. *Acta Informatica*, 13:229 – 256, 1980.

[Kas84] U. Kastens. The GAG - system – a tool for compiler construction. In B. Lorho (Hrsg.): *Methods and Tools for Compiler Construction*, 165 – 182. Cambridge University Press, Cambridge, UK, 1984.

[KHZ82] U. Kastens, B. Hutt, E. Zimmermann. *GAG: A Practical Compiler Generator.* Lecture Notes in Computer Science 141. Springer-Verlag, Berlin, 1982.

[Knu73] D.E. Knuth. *The Art of Computer Programming*, volume 1, Fundamental Algorithms. Addison-Wesley, Reading, Mass, 2. Auflage, 1973.

[Knu81] D.E. Knuth. *The Art of Computer Programming*, volume 2, Seminumerical Algorithms. Addison-Wesley, Reading, Mass, 2. Auflage, 1981.

[KP84] B.P. Kernighan, R. Pyke. *The UNIX Programming Environment.* Prentice-Hall, Englewood Cliffs, N. J., 1984.

[KS88] A. Kielbasinski, H. Schwetlick. *Numerische lineare Algebra-eine computerorientierte Einführung.* Harri Deutsch Verlag, Frankfurt a. M., 1988.

[KS89] K.H. Kiyek, F. Schwarz. *Mathematik für Informatiker.* Leitfäden und Monographien der Informatik. Teubner-Verlag, Stuttgart, 1989.

[Lan65] S. Lang. *Algebra.* Addison-Wesley, Reading, Mass, 1965.

[Lin69] R. Lingenberg. *Lineare Algebra.* Bibliographisches Institut, Mannheim, 1969.

[LM81] H. Ledgard, M. Marcotty. *The Programming Language Landscape.* Science Research Associates, Chicago, 1981.

[Lor84] B. Lorho, editor. *Methods and Tools for Compiler Construction.* Cambridge University Press, Cambridge, UK, 1984.

[Osb60] E.E. Osborne. On pre-conditioning of matrices. *Journal of the ACM*, 7:338 – 345., 1960.

[RM85] P. Rechenberg, H. Mössenböck. *Ein Compiler-Generator für Mikrocomputer.* Carl Hanser Verlag, München und Wien, 1985.

[Sto72] J. Stoer. *Einführung in die Numerische Mathematik I.* Springer-Verlag, Heidelberg, 1972.

[Toe79] W. Törnig. *Numerische Mathematik für Ingenieure und Physiker*, Band II: Eigenwerteprobleme und numerische Methoden der Analysis. Springer-Verlag, Berlin, 1979.

[WG84] W.M. Waite, G. Goos. *Compiler Construction.* Springer-Verlag, New York, 1984.

[WR71] J.H. Wilkinson, C. Reinsch. *Linear Algebra.* Springer-Verlag, New York, 1971.

[Zim82] H. Zima. *Compilerbau I.* Reihe Informatik 36. Wissenschaftsverlag im Bibliographischen Institut, Mannheim, 1982.

[Zim83] H. Zima. *Compilerbau II.* Reihe Informatik 37. Wissenschaftsverlag im Bibliographischen Institut, Mannheim, 1983.

Index

Der LA-Compiler
Quell-Code und ablauffähiges Programm
Stand: 2.7.1990

Die beigefügte Diskette enthält in den drei Unterverzeichnissen

assemble, *maschine*, und *compiler*

den Quellcode des LA-Compilers,
im Verzeichnis

beispiel

das Beispielprogramm aus Anhang A
und im Verzeichnis

programm

eine ausführbare Version des Compilers für MS-DOS.

Systemanforderung: AT-kompatibler MS-DOS-Rechner mit mindestens 640 KB internem Speicher.

Der Compiler wurde unter UNIX auf SUN-Workstations mit dem Motorola 68020 Prozessor entwickelt. Er ist deshalb einfach auf Personal Computer mit dem gleichen Prozessortyp (etwa Apple MacIntosh oder Atari) portierbar; hierzu müssen lediglich

- die Speicheranforderungen für Assembler und Maschine reduziert und
- die Variablen vom Typ *int* in solche vom Typ *long* umgewandelt werden.

Die Portierung auf Rechner mit Intel-Prozessoren ist ein weitaus schwierigeres Unterfangen, von dem eigentlich abzuraten ist.

Die im Verzeichnis *programm* stehenden ablauffähigen Programme resultieren aus einer Portierung nach C, Version 1.5, auf einem IBM-AT (mit 640 KB Hauptspeicher — mit weniger läuft Turbo C nicht!). Die Transparenz und Lesbarkeit des C-Codes ist bei der Portierung stark in Mitleidenschaft gezogen worden; deshalb haben wir uns entschieden, die ursprünglichen UNIX-Quelldateien auf diese Diskette zu geben. Interessenten können jedoch auch die Turbo C-Quelldateien von uns erhalten, wenn sie eine Leerdiskette (5,25", HD) senden an

Dr. Dietmar Fox
Universität Hildesheim
Institut für Informatik
Marienburger Platz 22
D-3200 Hildesheim.